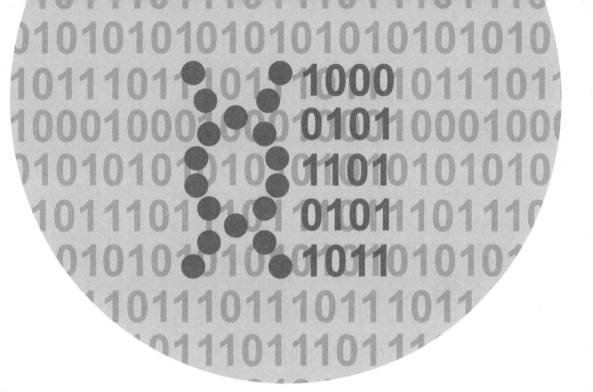

后 信 息 时 代

凌 晨 孙小涓 编著

U0335898

蓝色的
梦幻丛书

科学普及出版社

· 北京 ·

图书在版编目（CIP）数据

后信息时代 / 凌晨，孙小涓编著. -- 北京：科学
普及出版社，2018.6
（蓝色的梦幻）
ISBN 978-7-110-09733-5

Ⅰ. ①后⋯ Ⅱ. ①凌⋯ ②孙⋯ Ⅲ. ①科学技术－普
及读物 Ⅳ. ①N49

中国版本图书馆CIP数据核字 (2018) 第010699号

策划编辑	杨虚杰
责任编辑	杨虚杰　田文芳
封面设计	林海波
责任校对	杨京华
责任印制	马宇晨

出　　版	科学普及出版社
发　　行	中国科学技术出版社发行部
地　　址	北京市海淀区中关村南大街16号
邮　　编	100081
发行电话	010—62173865
传　　真	010—62173081
投稿电话	010—62103347
网　　址	http://www.cspbooks.com.cn

开　　本	787mm×1092mm　1/16
字　　数	125 千字
印　　张	10.25
版　　次	2018年6月第1版
印　　次	2018年6月第1次印刷
印　　刷	北京博海升彩色印刷有限公司

书　　号	ISBN 978-7-110-09733-5/N·237
定　　价	48.00元

丛书编辑委员会

总　序

　　《蓝色的梦幻》丛书是从自然科学的角度出发，阐述和演绎"生命、人类、社会、宇宙"的未来，力图说明"它们从何处来？又将到何处去？"的问题。

　　《生命的奥秘》《宇宙的探索》《后人类社会》《后信息时代》这四本书，其内容是当前人们至为关心的四大科学问题。

　　35亿年前，生命从海洋中来，从原核生物演化为真核生物；从单细胞真核生物演化为高等多细胞智能生物——人类。今天的人类对外太空、大自然进行了广泛的研究，但对自身的研究却还有许多缺憾。人类的大脑是怎样储存和提取信息的？在量子通信提上日程的时代，"人体科学研究"还会是个"禁区"吗？生物界有蜜蜂的"语言"、候鸟的迁徙，人类究竟有没有"第六感觉"？生命是大自然的产物，能否在实验室里"改造"或者"再生"呢？

　　从人类肉眼观天建立星座到太阳系的发现，从牛顿万有引力定律的发现，到爱因斯坦建立的静态宇宙模型；从哈勃发现第一个河外星系，到现代大爆炸宇宙学的诞生，迄今为止，宇宙有许多奥秘人们还不知晓：例如占宇宙95％的暗物质、暗能量就在太空里游荡。我们看不见它们，可是暗物质却有万有引力，能对可见的物质产生作用！而"暗能量"则让宇宙加速膨胀！2015年人类首次探测到双黑洞碰撞合并产生的引力波，2017年又第一次探测到双中子星合并产生的引力波，并且发现了该引力波的电磁对应体。这些发现，无疑为人类认识宇宙提供了新的宝贵信息。此外，我们展望未来，没有人知道，宇宙是会一直膨胀下去，还是又收缩还原到一个奇点？

人类有"末日"吗？人类在地球上生存了上万年。现在，地球上的总人口有70多亿，再过50年，地球上的人口将达到100多亿，地球陆地上的资源已经养不活人类了！用什么办法来救赎人类呢？科学家曾悲观地预测：地球上化石燃料即将殆尽，生态系统濒临崩溃；生态链遭到毁灭性破坏，正引发一场新的物种大灭绝！地球的"人类世"将会终结，从而进入"后人类社会"。"后人类社会"又将是一幅什么样的图景呢？

当今社会是信息化的社会。我们已经生活在一个以知识和信息为代表的、由0与1组成的数字化世界里。"计算机不再只和计算有关，它决定我们的生存"。那么，在"后信息时代"人们是如何生存的呢？互联网、物联网、云计算、大数据相继上演，一切都信息化了，人们还有隐私吗？人类大脑能否通过技术与网络虚拟世界无缝链接？物理世界与虚拟世界的界限越来越模糊，最终将混为一体，世界将会变成什么样子？

这是一套科学家和科普作家携手合作、共同撰写的丛书。

中国科学院离退休干部工作局、中国科学院老科技工作者协会联合中国科普作家协会，为离退休科研人员持续举办"科普创作培训班"，以发挥他们在科学普及中的作用。科普创作界资深人士普遍称道："这是一个功德无量的创举！"钱学森先生早年就大力提倡科研人员必须兼顾科学普及！他曾谈道："从建设两个高度文明来看，科普是一个非常重要的方面。""科普很重要，应当作为一件大事来干！"；他甚至提倡："无论本科生还是研究生，在提交毕业论文时，应同时递交本专业的科普文章。"

举办科普创作培训班，为撰写高质量的"科学与文学"相结合的作品，造就了极为有利的条件。科技专家同科普作家可以通力合作、相互切磋、取长补短、相得益彰。于是，《蓝色的梦幻》丛书应运而生！

这是一套"科学技术与文学艺术"相融合的原创性丛书。

这套丛书的策划思想，简单来说就是："不是科幻，胜似科幻；胜似科幻，缘自科学；缘自科学，梦圆中华；梦圆中华，大同天下""科学家谈科学梦""这是科学的畅想，这是科学的预测""浪漫与现实共舞"。

科学、文学、艺术是推动时代前进的三个齿轮。科学——解读自然奥秘——求真；文学——感悟人生真谛——向善；艺术——颂扬天地神韵——臻美。"科普创作"为大众架起一座通向"真、善、美"的桥梁。对我们科普作家来说，就是以文学艺术的心灵与笔触，诠释与演绎科学技术，运用科学之美感染受众。

这是一套富有文采的科学散文体裁的丛书。

这套丛书的体裁均为"科学散文"。由于散文的结构自由灵活、创作手法多样，最适用于表现科学内容。文学散文的文体特点与写作要领，可以说都适用于科学散文。科学散文不同于文学散文的是：创作的题材是科学技术，内容是普及科技知识、弘扬科学精神、传播科学思想与方法。

散文是"美文"。言之无文，行之不远。丛书作者在叙事的同时，均讲究文采，力求文笔优美；在通俗和准确的基础上，文字鲜明生动、简洁流畅。作者善于以丰富的想象力，融入心灵的感受和人文的求索，综合运用形象思维和逻辑思维来处理尚未认识的事物。科普作品的美感，尤其是科学散文，在很大程度上表现为"语言美"。在整篇结构紧凑的基础上，行文自然、语言明快。

亲爱的读者！让我们一起展开"格物""致知"的双翼，翱翔于《蓝色的梦幻》之中，激发我们的好奇心、求知欲和创造力，共同为建设创新型国家而努力！

中国科学院院士
中国科普作家协会理事长　周忠和

2017年 6 月22日

目　录

引子：在这本书里我们要讨论什么

这一天，我去拜访一位朋友。在此之前，我并未见过她。只是通过手机谈了下情况，加了彼此微信，很快便在微信中确定了见面的时间和地点。约好的地方我第一次来，途中又遇到堵车，但依照地图导航和微信中的位置共享，我还是很顺利快捷地找到了她，一位年轻博学的科技工作者小涓。

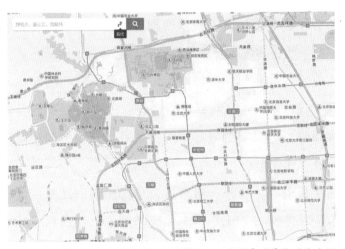

图 0-1　地图已经成为手机的标配软件之一，地图中的导航功能为用户熟知　图片来源：作者提供

"如果是20年前，"小涓笑，"我们只好通过BP机来联络彼此，还需要好运气能够及时找到公共电话回复。"

"40年前，我们只有公共电话和写信这两种方式，如果临时有变故，还不知道怎样通知。"我顺着小涓的思路说。

小涓点头："是啊，百年前，只有写信。像我们这样生活圈子完全没有交集的人，根本不可能认识。"

是啊，小涓在计算机领域工作，而我在教育行业，我们的住所也相距甚远。我们之间并没有共同的朋友，即便是周末逛街都不会相遇。

我笑："现在，我们只用两个小时就联络上了，如果不是因为你出差，我们当时就可以见面了。这在百年前，是无法办到的事情。但现在，如果需要认识一个人，分分钟就可以搞定，非常容易。"

小涓说："这是通信技术、社交软件、智能手机、导航系统的强力支撑，是信息技术进步带来的整个社会的改变。"

是的，当人类社会进入信息时代之后，信息技术给我们的生活带来很多方便，甚至惊奇。技术的脚步不会停歇，随着它的不断前行，我们的生活还将发生更多改变。

"这就是我要和你见面的原因。"我说，"我要和你讨论和设想，信息时代后期，可能对我们的影响。比如VR技术普及后，我们都不必实体见面，只要约定好时间，就可以在虚拟的环境中聚会，和面对面没有什么差别，不必再受空间制约。"

我在平板电脑上打开一封来信，传给小涓，这是主编汤寿根先生对后信息时代的一些想法：

"当今社会是信息化的社会。我们已生活在一个以知识和信息为代表的、由0与1组成的数字化世界里。'计算机不再只和计算有关，它决定我们的生存'。比特（信息的最小单位）作为'信息的DNA'正在迅速取代原子（物质）而成为人类生活的基本要素。'后信息时代'已悄悄来临。"

"后信息时代的根本特征是'真正的个人化'。这里的个人化，不仅仅是指个人选择的丰富化，而且还包含了人与各种环境之间协调与配合。'人不再被物役，而是物为人所役'。在科技的应用上，人再度回归到个人的自由与独立。"

"在未来某一天，DNA还真能为'信息'服务。它所记录的将不仅是一个人的生命蓝图；它还可以用来存储大量的文件、音乐、视频。1克DNA可储存2.2PB①的数据，相当于300万张CD的存储量，而且不需要人为的特定保存环境，存储的信息几千年都不会消失。"

　　"2013年以来，从智能手表，再到智能手环、智能指环，越来越多的可穿戴计算设备被投放市场。电子信息产业研究中心副总梁潇介绍，可穿戴计算设备的应用领域，可以分为自我量化和体外量化两大类：自我量化领域包括运动健身和医疗保健，以轻量化手表、手环等佩饰为主要形式，实现运动或户外数据的监测、分析与服务；体外进化领域，能够协助用户实现信息感知与处理能力的提升，从而让用户的自身技能得到增强或创新。"

　　"大众传媒已经演变成个人化的双向交流。媒介不再是信息的通道，而成为人类感官的延伸。"

　　"感知网、物联网、云计算、大数据相继上演。信息科学技术必将会发展到这样的地步：人类或许会在大脑里植上一个芯片，与电脑联网。您戴上一副眼镜就可以在全世界游逛，见到您想见的人，点对点单独会面谈心。让我们想象一下，到了那时候，将会发生些什么样的故事呢？"

　　"那时候正在渗透到这时候。"小涓说，"现在，全球的信息化程度还不均衡，有的地方是信息发达地区，已经在未来之中；有的地方还处于信息洼地，仿佛是停留在过去里。但信息技术像潮水一般，终究会将人类所有涉足之地都淹没。到那个时候，人类中的一部分将会抛弃肉体，以纯粹的信息方式生活。"

　　"那么，安全问题呢？如果断电了，或者被删除，不就等同于

①1ZB=1024EB，1EB=1024PB，1PB=1024TB，1TB=1024GB，1GB=1024MB，1MB=1024KB，1KB=1024B

谋杀吗？"我问。

小涓没有立刻回答，我们都陷入了对未来的思考之中。

在过去的30年间，信息显示出了巨大的价值，成为生产资料、生产工具甚至生产的动机。然而，随着科学技术手段的加速发展，信息不仅仅是被"发现""释放""应用"，还被"制造"和"盗窃"，信息化带来的负面效应也在逐渐显现。我们的生活从没有如此便捷，如此舒适，但也从未如此没有安全感，对各种信息诈骗手段防不胜防。我们无法拒绝信息化时代的冲击，只能通过不断地深入了解，争取能做信息的主人，而不是被信息所操纵，最终迷失自我。

一 实时环境：信息无缝链接

我和小涓继续谈论，服务员送来一壶茶和一张店片。店片上印着此处的WiFi名称和密码。我们欣然选用店里的WiFi上网。

小涓感慨："信息的利用率越高，我们对信息的依存度就越大。互联网变成了移动互联网，才使信息的应用几何级数爆炸。"

"所以我们希望有更便宜的网费，更快的网速。"我补充。

"是的，我们每时每刻都在网络中，信息无缝链接，这是信息时代的环境要求。"小涓说。

工欲善其事，必先利其器。我和小涓就从眼下这个环境开始了对后信息时代的畅想。

1.1G和5G

信息链接最要紧的，就是一个字：快！

1G和5G就是快的保证。前者是网络带宽，后者是通信技术。

在2016年年底的全国工业和信息化工作会议上，提出2017年部分城市要实现1G超高带宽，农村及偏远地区要加快4G网络覆盖，移动流量平均资费要进一步下降。

1G带宽的网络，意味着下载速度更快，在线听音乐、看电影、在线视频、云存储上大数据的上传下载等可以更迅速更流畅，网络电视完全不存在影像卡住或停滞问题，通过网络控制家用电器也是分分钟的事情。

国家能提出实现1G网络的承诺，归功于近年来我国在电信基础设施建设方面的大投入建设。有了好的硬件设施，才能提高网速。工信部更是规定2016年4月1日起，县级以上城区，新建住宅小区必须光纤入户，同时具备接入多家运营商的能力。

图1-1 20世纪80年代末进入中国的移动电话——摩托罗拉3200,俗称"大哥大" 图片来源:网络

图1-2 至今,小灵通还在特定范围内使用,网上还有售卖(二手) 图片来源:网络

4G是指第四代移动通信技术。这里的G是英文第几代的意思。第一代通信技术1G的应用是在20世纪90年代,采用模拟信号,使用的手机是大哥大,只能打电话。大哥大有点像现在的手台,通话锁定在一定频率上,使用可调频电台就可以窃听到,谈不上通信保密。

到了2G采用数字信号了,不但手机的通话质量大大提高,手机还可以收发短信,支持彩信和彩铃这样的低速数据传输。由于手机话费相对昂贵,小灵通手机流行起来,2006年,国内的用户达到了9341万。彩信彩铃被广泛使用,出现了具有摄像头的支持彩信功能的彩信手机,还有热衷于此事的"彩信一族"。

3G的数据传输速度加快,可以直接传送电子邮件,还能进行网页浏览、电话会议、电子商务等多种信息交流。手机上能够处理图像、音乐、视频流。手机能做的事情多了,不再局限于打电话和娱乐。

接下来是速度更快的4G,用手机看电影很方便。4G技术能够传输高质量视频图像,图像传输质量与高清晰度电视不相上下,并能够满足几乎所有用户对于无线服务的要求。在4G技术支持下,手机不再是手提电话、移动电话,而成了一个"信息综合处理终端",可以上网、听音乐、照相、看电影、玩游戏、支付等。

通信技术的发展非常迅速，升级换代时间越来越短。虽然4G出现还不到5年，网络在我国还没有完全覆盖，但5G技术成熟并开始推广已经是不远的事情。

图1-3　现在，用手机看电视不成问题，画面非常流畅清晰　图片来源：作者提供

5G网络将极大提高移动数据传输效率10到100倍，互联终端设备数量也将增加10到100倍，数据容量增加1000倍，时延降低到5毫秒以下。5G到底有多快？比如，5G手机等移动终端的下载速度达到每秒1Gbps到10Gbps，可以在6秒内下载完一部3D电影。而4G环境中下载同样的电影需要6分钟。

5G网络响应用户命令的速度将非常快。网站、软件应用、视频和消息等服务的加载都会变得更快。等待手机有反应，将成为极其罕见的情况。

信息的传递，此时不会再有时空阻隔。微信、QQ等社交软件中的音频留言，将变成视频交谈。多达1000亿的联结数量的5G网络，满足物联网海量链接和车联网极低延时要求，使万物互联成为可能。

在5G环境中，我们不会再去询问不同地点的WiFi名称和密码，移动终端会自动连接最优网络，无须切换网络、输入密码。

按照国际电信联盟的时间表，预计2020年后，5G将全面投入商用。中国移动提出满足2020年5G商用部署的需求，并且有望于2018年启动试验网。

5G时代后呢？通信技术会有哪些可能的改变？会产生质的突破吗？

一个可能是量子通信，利用量子纠缠效应进行信息传递，通信安全性高，几乎没有被破解的可能，在军事、金融等方面应用前景广阔。

一个可能是可见光通信，利用可见光传递数据，电磁辐射微小，对飞机、手术室等对无线电信号敏感区域来说很是适合，水下采用可见光通信也更为可靠。

可见光通信被称为"LiFi"，可以作为无线电通信WiFi的补充。有光照就能上网，目前，全球大约拥有440亿盏灯具构成的照明网络，数百亿的LED照明设备与其他设备融合，将构筑一个巨大的可见光通信网。

可以设想，未来实现大规模可见光通信后，每盏灯都可以当作一个高速网络热点，人们等车的时候再也不会无聊了，找个路灯就能下载电影观看，高铁上用也没问题。使用 LED光源无线高速上网，满足室内网、物联网、车联网、工业4.0、安全支付、智慧城市、国防通信、武器装备、电磁敏感区域等网络末端无线通信需求，为互联网+提供一种崭新的廉价接入方法。

可见光通信不会产生电磁干扰，因此它可以很安全地应用于飞机等环境之中，乘客再也不会为上飞机就失去网络烦恼了。对于在水下、矿下作业的工人来说，仅靠一束光，就能实现通话和数据传输，将会进一步提升工作效率。

比如，当车灯照到了路边的路牌，路牌马上可以给车辆导航仪传输附近的路况，并告知到达目的地最通畅的道路，让用户拥有更好的驾驶体验；路牌还可以在车辆靠近时，主动提示刹车信息，或实现自动刹车等。

早上我们起床打开灯，就能通过各种终端设备（电视、平板电脑、手机等）在第一时间了解今天的天气状况、得知最新的出行信息，以及国内外重要新闻等。家庭成员间分享数据信息时，更可实现"秒传"，没有信息迟滞。

接着，我和小涓谈到了身体健康问题。小涓给我看她手机上的一个健康管理APP。我看了看她手机上的这款APP，回到手机桌面，十几款APP把不大的屏幕挤得满满的。

"这些APP，你平时都看吗？"

"哪里有那么多时间，也就常看三四个吧。不过有这些APP，就很少上网了。错了，是很少用浏览器了。"小涓纠正自己的说法，"未来，浏览器会消失吧！"

"不一定。还是要看谁给用户的体验最好。"我说，"在应用层面，用户体验第一。毕竟，我们是用手指投票的。"说着，我就大拇指滑动，点击屏幕，将一款三个星期未碰的APP删除了。

2.移动终端

在2016年热闹的"双11"结束后，有人发出感慨，在这个移动互联网时代，PC像一个过气的"网红"，被遗忘在角落，无人问津。人们关注着小米和华为的手机销量谁家是第一，在一年中最大的购物节上，手机是当之无愧的明星。

根据全球数据公司IDC数据，2011年，全球PC出货量还高达3.64亿台，仅4年后，2015年就只有2.76亿台，下跌了25%，2016年可能继续下跌。在过去10年，笔记本电脑由于使用了低功耗CPU、SSD固态盘、高分屏和轻薄设计，在产品体验上得到了巨大改进，但是仍不能遏制移动终端带来的冲击。除此之外，被智能手机取代的电子产品还有很多，照相机、摄像机、MP3播放器、GPS设备、扫描仪、录音笔、收音机、掌上游戏机等，如果手机可以满足需求，就很少有人再单独购买这些设备了。根据预测，2018年用户使用的信息终端将会全面移动化，每个用户平均拥有1.4台接入网络的移动设备，这将催生海量的移动应用和数据信息。

手机能做越来越多的事情，在移动设备上的APP也呈现出爆发式增长。从2011年以来，人们花费在APP上的时间已经超过网页，而且势头不减。在移动终端上，各大门户、各大网站陆续推出自家的移动APP，许多本来在浏览器访问WAP网站实现的功能，已经陆续被移动APP所取代，例如新浪微博、美团、淘宝客户端等。人们将不再愿意去浏览网页，更习惯应用客户端带来的个性化数据服务。随着移动时代的开始，电子邮件似乎也同传统邮件一样的命运，走上了没落。如今的即时通信，更加直接、言简意赅和有效率。许多工作上的沟通也改用网络来完成。自2010年以来，全球电子邮件的总数量已经下滑了10%左右，在25~35岁的人群发送电子邮件数量下滑了18%，青少年中更是下滑了60%。电子邮件对于正式的交流需求更合适一些，但大多数人越来越习惯即时通信手段。

　　中国是移动应用增长最快的国家之一。APP这个词，是和智能手机一起被我们熟悉的，APP起初为智能手机上的软件应用。现在，手机游戏、新闻、即时通信、地图导航、移动视频等各种类型的APP都已经门类建立齐全，给用户提供了越来越精细化的服务。移动互联网随时随地可使用的特性，使APP迅速占据了用户的碎片时间，获得了崭露头角的机会。应用即是发展的驱动力，基于位置服务，手机应用服务有越来越大的发展空间，也成为移动互联网时代最鲜明的特色。

图1-4　手机屏幕上的每个图标，都是一个APP软件或应用　图片来源：作者提供

　　除了手机和平板电脑外，可穿戴设备是另一类移动终端。这

类产品有谷歌眼镜、小米手环、360儿童智能手表、耐克智能鞋等。根据全球数据公司IDC数据，2016年第一季度全球可穿戴跟踪设备的发货量达到了1970万台，相比2015年第一季度的1180万台，同比上涨了67.2%。

谷歌眼镜是可穿戴设备的开创产品，但它的第一代产品在2016年1月停产。从2013年第一批谷歌眼镜发售，它收获了人们巨大的关注和期许。佩戴谷歌眼镜，连接手机应用，可以和亲友视频通话，直播所见到的景象，现场拍照，导航过程中得到直观的方向提示，查看天气和各种消息等。这种美好应用的许诺，最终由于实际可操作性的不足而变为空谈。

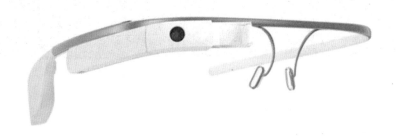

图1-5 谷歌眼镜 图片来源：京东商城网站

小米手环从2014年夏天推出，到2016年6月发布二代产品，一直很受欢迎，不同于谷歌眼镜，小米手环低廉的价格使得更多人能够佩戴，华米科技也迅速跃升为全球较大的可穿戴设备厂商。小米手环具有运动计步、睡眠监测、久坐提醒、心率监测、来电提醒等实用的基础功能，二代还支持抬腕显示，20天续航及防水特性，一定程度上可以代替手表。

360儿童智能手表是众多儿童可穿戴追踪设备的一个代表。采用GPS技术，手表可以追踪到儿童的确切位置，不管距离有多远，都可以通过手机或者平板电脑显示孩子的具体位置。还提供了距离提醒功能，只要孩子走出了事先设定的范围就会第一时间给家长发出警告。

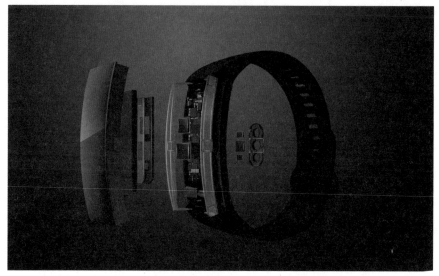

图1-6　智能手环的结构　图片来源：华为网站

　　面向可穿戴设备的巨大需求，柔性电子器件受到广泛关注。刚性的电路板无法放入柔软的器官，坚硬的边缘会撕破软组织。科学家们正在研发一种柔性的、可弯曲的电子电路，能够直接应用在人体。只要足够薄，最硬的材料也会变得柔软起来，伊利诺伊大学的材料科学家制造了10nm厚的可伸展电路板，可用于制造能够在身体器官周围或内部的植入设备，在动物体内测试成功。柔性材料可以制造成心脏起搏器、脑起搏器、健康监测仪等，还可以制造成像皮肤一样的触摸屏，植入人体皮肤内，使得皮肤就变成了一个触摸屏。

　　美国调查公司IDC公布了2016年全球范围内的手机销量情况，其中总销量排名前五的手机厂商分别是三星、苹果、华为、OPPO和

VIVO。数据显示，2016年全球智能手机总销量为14.7060亿万部，仅比2015年增加2%。远远不及2015年10.4%的增长率。智能手机遇到了发展瓶颈期。分析认为，用户寻求的不再是高性价比的硬件产品，而是能够满足他们日常所需的时尚化的智能工具。

相比较而言，2014年全球市场智能手环全年出货量达到1300万支，较2013年增长225%，预计到2017年，智能手环全球年出货量将达到3600万支。2010年，有些人还不知智能手机是何物，到现在几乎人手一部。智能手环也可迎来人手一支的那一天。随着智能手机、智能手环等移动终端设备的普及，移动互联生活将有更多可能，出行、购物、学习、工作等，各行各业、方方面面都会改变。

"将来，芯片可以植入在皮肤、衣服，甚至任何的物品里面，任何物品状态的变化都可以引起其他相关物品的状态变化。万物都联在网上，形成了物联网。"

"嗯，那我一定要在钥匙上装个定位芯片，这样出门就不会为找不到钥匙着急了。"我说。

"这对物联网来说，简直小菜一碟啊。"小涓讥笑我，"你简直是用大炮轰蚊子，太大材小用了。"

"如果你的冰箱链接到了网上，冰箱对你经常放进去的食物自动扫描，记录下了食品的保存时限和消耗情况，一旦食品没有了，就会提醒你是否需要。如果你需要补充，冰箱自动连通商家的电子商务系统，下单预订。预订后，商家给你生产或者配送。在你刚刚意识到冰箱已经空的时候，食品送上门来了！"

"这个冰箱真不错！我沉溺于写作中时，连吃饭都会忘记，再也不用担心冰箱里什么都没有了。冰箱都可以上网，那洗衣机、微波炉也可以接进网络吧？电视更不用说了，现在的电视都可以自动搜索网络，连接进网络。"我说。

图1-8 智能冰箱 图片来源：海尔网站

图1-7 现在的电视，越来越像大号的PC，上网快捷方便 图片来源：网络

3.万物皆可联网

物联网的本质还是互联网，只不过连接在网络上的不再是电脑，而是装备了嵌入式计算机系统和信息传感设备的物品。这些传感设备，包括RFID（射频识别）、红外感应器、全球定位系统、激光扫描器等。有了它们，物品就可以和互联网相连接，进行信息交换和通信，实现智能化识别、定位、跟踪、监控和管理。在物联网上，每件物品都有了独特的身份信息，可以随时随地动态地查询到

它的状态。物理世界因此和信息世界融合为一体。

物联网可以用到的地方很多。交通、环境保护、公共安全、家居、消防、工业监测、照明管控、老人护理、个人健康、花卉栽培、水系监测、食品溯源等领域都在推广物联网。

2012年伦敦奥运会前，伦敦市街头和奥林匹克体育中心摆放了一款智能垃圾桶。这款垃圾桶两侧配置有LCD显示屏，能滚动播出热点新闻、天气预报、股市行情以及与奥运会相关的各种资讯。垃圾填满之后，垃圾桶会向卫生清理部门发送信息，通知清洁人员及时处理。同时它还是一个无线网络基站，可以为附近的手机用户提供无线网络信号。它所需要的电能则由顶部的太阳能电池板提供。垃圾桶还具有自动报警功能，能为需要帮助的路人提供紧急报警服务。

在上海杨浦区欧尚超市前有一个无人超市。整个超市占地不大，酷似一个集装箱，里面摆放了各类日用商品，却没有售货员。人们通过手机扫码进入超市，选购商品后，通过产品上贴着的RFID标签，自助扫码结账，使用微信或支付宝支付后超市门可自动打开。对没有付账的商品，在店门前警戒区会报警，无法带出超市。无人超市24小时营业，还具有远程客服、防盗监控等功能，安装与移动方便，并且超市的人力运维成本低。

图1-9　无人超市　图片来源：缤果盒子网站

智能垃圾桶、无人超市只是物联网浩瀚应用中的一个例子。近些年，在物联网基础上发展的智能家居推广迅速，新建小区都安装有楼宇可视对讲系统、安防报警系统、门禁系统、三表抄送系统、家电智能控制系统等，同时在APP端接入家政、外卖、电商等增值服务，提供个性化运营方案。一些社区的APP上还绑定了支付功能，煤气、水、电、物业费等都可以在手机APP中解决。

智能家居中，家庭中所有的安全探测装置，如消防类(烟感、煤气泄漏报警器等)、防盗类(门磁、窗磁、各种监测器、防盗幕帘、紧急求救按钮等)，都连接到家庭智能终端，对其状态进行监测。如果有警报发生，家庭智能终端将警情根据设置进行各种操作，包括：启动警铃和联动设备、拨打设定的报警电话，同时把警情送往小区监控服务器。这样既能提高了报警速度，同时也将家庭受侵犯所产生的损失降到最低。

物联网使交通管理智能化。智能交通的原理是对车辆动态信息采集管理，全方位实时调整交通分布，优化路口通行能力等。在北京，地铁中安装了电子站牌，显示列车的运行位置，到达时间。环

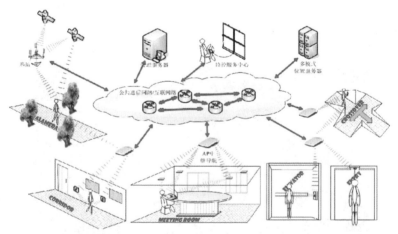

图1-10　一个智能化养老社区室内外融合定位系统示意图　图片来源:《国家智能化养老基地建设导则》授权使用

路上有电子显示牌实时显示路况信息、拥堵情况。这些都是智能交通的一部分。还有高速路收费站的ETC专用通道，属于智能交通中的智能收费系统。它的原理是在车辆挡风玻璃上的车载器与收费站ETC车道上的微波天线之间建立微波专用短程通信，这样车辆通过收费站时不用停车，系统自动和银行进行后台结算过路费。

图1-11　高速路收费站　图片来源：作者提供

物联网在恶劣地区可以用于环境监测和灾害预测。2016年，环境监控物联网应用示范工程在无锡建立。这是一套集感知、数据处理和综合管理于一体的智能综合系统，业务子系统互联互通，数据资源集中融合、开放共享，资源要素高效流动，实现了生态环保工作规范化、标准化和智能化。由于水质监测通常需测定常规五参数、总磷、总氮和氨氮等二十余项参数，人工监测成本高、周期长、连续性差。物联网感知的水质自动监测系统，则可远程实时获取水质参数监测数据、在线仪表运行状态、监测预警与报警，以及自动监测站概况等信息，为研究水污染扩散与自净规律，防治水污染事故提供数据支撑。

物联网是怎样建立起来的呢？物联网是一个系统工程，分为四个层面：感知识别层、网络构建层、管理服务层和综合应用层。

感知识别层是把成千上万个各种传感器或者阅读器安放在物理物体上，比如氧气传感器、压力传感器、光强传感器、声音传感器等，形成一定规模的传感网。通过这个传感网，就可以感知这个物理物体周围的环境信息。现在还加上了条形码技术、语音识别技术、RFID等。当上层下达命令时，通过单片机、简单或者复杂的机械可使物理物体完成特定命令。

感知到了信息，怎么发送出去让信息得以利用？这就要通过网络构建层，它连接感知识别层和管理服务层，具有纽带作用，向上层传输感知信息，向下层传输命令。这个层面上就是利用了互联网、无线宽带网、无线低速网络、移动通信网络等各种网络形式传递海量的信息。

感知识别层生成的大量信息经过网络层传输汇聚到管理服务层后，必须整合利用，否则这些信息就和垃圾无异。管理服务层主要解决数据如何存储（数据库与海量存储技术）、如何检索（搜索引擎）、如何使用（数据挖掘与机器学习）、如何不被滥用（数据安全与隐私保护）等问题。

管理好信息后，就要应用了。物联网应用以"物"或者物理世界为中心，包括：物品追踪、环境感知、智能物流、智能交通、智能电网等，显示出物体的智能性。其实这种智能行为，是基于感知识别层收集的、网络构建层传输的、管理服务层挖掘利用的信息，然后再把特定信息反馈给基层物体完成指定命令的表现。

在这四个层面之上的，是物联网标准化体系。物联网标准是国际物联网技术竞争的制高点。由于物联网涉及不同专业技术领域、不同行业应用部门，物联网的标准既要涵盖面向不同应用的基础公共技术，也要涵盖满足行业特定需求的技术标准；既包括国家标准，也包括行业标准，是一套庞大复杂的标准体系。

我国的物联网产业发展迅速，中国物联网研究发展中心预计，在国家政策推动下，有了云计算、大数据等技术和市场的驱动，到2020年我国物联网产业规模将达到2万亿元人民币。

截至2016年，我国物联网产业已形成包括芯片和元器件、设备、软件平台、系统集成、电信运营、物联网服务在内的较为完整的产业链。物联网大数据处理和公共平台服务处于起步阶段，物联网相关的终端制造、应用服务、平台运营管理仍在成长培育阶段。

产业的布局将下沉到我们的生活中去，带来生活方式的改变。

比如电子商务、车联网。在乌镇互联网大会上，有人预测，到2020年，每个人都会与1000个设备以物联网形式相连。物联网终将取代互联网。

"未来我们走到哪里手机都会自动连接上网，信息无处不在。"小涓说，放下茶杯，"你知道这意味着什么吗？"

"意味，哦，下午茶送来

图1-12　互联网医院出现在山西偏僻的城镇中　图片来源：作者提供

了。"我看到穿着外卖网站T恤的快递员，冲他招手。20分钟前我通过手机APP软件订的点心和饮料，准时送到。

"意味着电子商务和物流业会更加发达。"我打开点心盒子，尝了一口，冰激凌蛋糕上的冰霜还坚硬着，仿佛刚从冰柜中取出，"也许以后路上走动的都是快递。"

"可能连快递员都不会存在，只有无人飞机。"小涓补充。

4.电子商务与现代化物流业

2016年11月11日，天猫的"双11"全球购物节，零点的钟声敲响后6分58秒，阿里巴巴平台上的交易额就冲破100亿元，其中无线交易额占比达85%以上。这个速度比2015年快了将近一倍。

移动端已经彻底超过电脑端，成为网购消费方式的主流。

零时刚过一个小时，菜鸟网络已产生"双11"物流订单超1.7亿单。11日零时13分19秒，广东佛山芦苞镇的一位买家就收到刚购买的一台榨汁机。这个"双11"，电商们在物流上下了大功夫。

截至11日1时，全世界交易的国家和地区已经达到201个，涉及国际品牌1.3万个。"双11"已经不只是中国人的狂欢之日，而变成了全球的购物节日。

以阿里巴巴为首的我国电子商务，发展速度快得吓人。在这种发展背后，是快捷的物流系统和便利安全的支付体系。

以阿里巴巴为例，2016年"双11"全天交易额能够实现，是因为支付宝已接入全球200多个国家和地区，支持18种货币结算。物流方面，菜鸟跨境电商物流体系已覆盖全球224个国家和地区，拥有遍布全球的110个跨境仓库，对俄罗斯、欧洲、南美、北美及大洋洲等国家和地区推出多条专线。

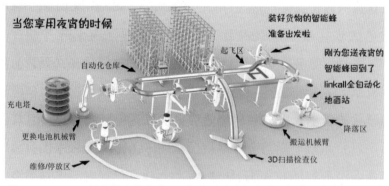

图1-13 Linkall 创业团队推出的无人机快递系统概念图，提出一个新颖的送货概念 图片来源：网络

电子商务的本质，是"现代商务+互联网+物流+电子支付"的综合产业链，它是一种适应现代网络技术条件的生活和生产方式。在计算机技术、网络技术和远程通信技术发达的今天应运而生，也会随着技术发展升级换代，适应我们对商品的不同阶段的需求。物资匮乏，信息沟通不畅的年代，我们只要能买到东西就好。物资丰富后，我们需要买到更好的东西，有了挑选的余地，网络购物使我们能不出家门在全世界挑选称心的产品。然后，追求差异化和个性化将成为购物主流，"爆款""同款"不再被追捧，定制模式会成为网店竞争的关键，开启新的电子商务模式。

按照交易对象，电子商务可以分为企业对企业的电子商务（B2B）、企业对消费者的电子商务（B2C）、企业对政府的电子商务（B2G）、消费者对政府的电子商务（C2G）、消费者对消费者的电子商务（C2C）、以消费者为中心的商业模式（C2B2S）、以供需方为目标的新型电子商务（P2D）和企业、消费者、代理商三者相互转化的电子商务（ABC）。

电子商务从提出概念到今天能够如此风靡世界，不过20年。为什么能如此强烈地改变着人们的生活方式，并且能有这么大的发展呢？这与它的几个特点有关。

一是普遍性。电子商务作为一种新型的交易方式，将生产企业、流通企业，以及消费者和政府带入了一个网络经济、数字化生存的新天地。人们可以相隔万里，构成商品的买卖关系。这在过去是不可想象的。

二是方便性。在电子商务环境中，人们不再受地域的限制，客户能以非常简捷的方式完成过去较为繁杂的商业活动。如通过网络银行能够全天候地存取账户资金、查询信息等，同时使企业对客户的服务质量得以大大提高。

三是整体性。电子商务能够规范事务处理的工作流程，将人工操作和电子信息处理集成为一个不可分割的整体，不仅能提高人力和物力的利用率，也可以提高系统运行的严密性。

四是安全性。在电子商务中，安全性是一个至关重要的核心问题。它要求网络能提供一种端到端的安全解决方案，如加密机制、签名机制、安全管理、存取控制、防火墙、防病毒保护等，这与传统的商务活动有着很大的不同。

五是协调性。商业活动本身是一种协调过程，它需要客户与公司内部、生产商、批发商、零售商间的协调。在电子商务环境中，它更要求银行、配送中心、通信部门、技术服务等多个部门的通力协作，电子商务的全过程往往是一气呵成的。因此，它大大方便了现代人们工作生活节奏快的特点和需要，成为人们生活工作的重要组成部分，也成为我们国家新兴的重要产业。

随着互联网的普及和应用，电子商务呈现出更广阔的环境：人们不受时间的限制，不受空间的限制，不受传统购物的诸多限制，可以随时随地在网上交易。电子商务能够提供更广阔的市场：在网上，这个世界将会变得很小，一个商家可以面对全球的消费者，而一个消费者可以在全球的任何一家商家购物。电子商务要求更快速的流通和低廉的价格：电子商务减少了商品流通的中间环节，节省了大量的开支，从而也大大降低了商品流通和交易的成本，更为人们乐于接受。

20世纪90年代，是我国电子商务的起步期和雏形期。这个时期，主要是为电子商务打基础、做准备，开通互联网，更新银行结算体系。进入21世纪后，电子商务进入高速发展期。艾瑞咨询数据显示，2016年中国电子商务市场交易规模20.2万亿元，增长23.6%。2016中国网络购物市场交易规模近5万亿元，在社会消费品零售总额中占比超过了14%。

2020年，我国将全面建成小康社会。电子商务还要有大的发展。从我国农村讲，目前仅有30%的村有了电子商务平台。到2020年，要使全国5万个行政村都要实现电子商务平台全覆盖，任务依然艰巨。这既是我国电子商务平台发展的需要，更是我国农村全面实现小康社会的必然要求。可以想到，占人口总数绝大多数的我国亿万农民进入了电子商务产业，对于我国经济和社会发展的积极影响和产生的巨大作用，是不可估量的。

2016年，我国网民数已达6.32亿，相当于美国人口的两倍。但我国的互联网普及率仅有46.9%，互联网的巨大力量还远远没有释放完全。

电子商务不仅仅是买卖物品，还有服务的买卖，比如餐饮外卖、旅游、点评、打车、家政、出租房屋等。在线下可以完成的商业活动，基本都搬上了网，可以在网上聚集客户。最近，连便利店代购和生鲜也加入了其中。生鲜的物流要求冷链，对配送车辆要求比较苛刻，也正因为如此，其市场十分巨大。

后信息时代，消费者购物方式虽然已经改变，但便利性、舒适度以及价格依然是消费者考虑购物方式的重要维度。他们不愿放弃线下消费的体验，同时更享受线上购物的便利。

图1-14 电子商务进驻农村，在贵州赤水的一个镇子上，也能看到电商的宣传 图片来源：作者提供

电子商务对物流业的要求越来越高。商品的提供者要与在各地设立的物流公司建立合作关系，以便为消费者的购买行为提供最终保障。这是电子商务运营的硬性条件之一。因此，现代物流业应运而生，这是原材料、产成品从起点至终点及相关信息有效流动的全过程。它将运输、仓储、装卸、加工、整理、配送、信息等方面有机结合，形成完整的供应链，为用户提供多功能、一体化的综合性服务。

一个用户通过网上商店订了一张非标准尺寸的桌子，信息反馈回工厂，工厂加工完成后，桌子通过物流送到用户所在城市，由快递员配送到用户手中，用户完成支付并做出评价。

整个购物的过程并不复杂，每个环节之间却缺一不可，并且衔接紧密，才能保证用户获得比实体店更舒适愉悦的体验。

如果没有发达的物流体系，电子商务也就无从谈起。随着市场经济和电子商务的发展，物流业已由过去的末端行业变成引导生产、促进消费的先导行业。现代物流业所涉及的国民经济行业包括：铁路运输、公路运输、水上运输、装卸搬运，以及其他运输服务业、仓储业、批发业、零售业等。

我国物流业起步较晚，但发展势头迅猛，目前已是全球最大的物流市场。包邮区的扩大、物流的快捷、移动互联网的兴起、智能手机的快速普及，使越来越多的人拿起手机随时"买，买，买"，释放了内心的消费欲望。2015年中国电商销售额超过3万亿元，中国已经成为全球最大的网购市场。

据国家邮政局数据，2015年我国规模以上快递业务收入总额接近2800亿元，中国快递规模已经是世界第一。

目前，我国物流业铁路、公路、水运的货运量全球第一，快递量目前也全球第一，但从全球来看，物流业的国际竞争力落后于发达国家。我国还要加快物流建设。

图 1-15　小区门口等待取走的快递包裹，这种情景随处可见　图片来源：作者提供

　　国家物流系统建设包括几个层面：一是物流基础设施网络层面，从干线、支线、仓配、末端，以及物流园区、各级物流节点，要进行完善和相互连接。二是物流信息网络层面，通过各种信息枢纽、信息中心、信息采集点，构建全国性物流信息网络；运用互联网、物联网、大数据、云计算等技术，以及地理位置系统、信息调度、监控运营系统等，将信息和数据高效采集、处理和决策。三是物流企业的运营和调度层面，其核心主体是物流企业和相关企业构建。

　　着眼未来，全球的经济重心将会向中国、印度和亚太转移，中国毫无疑问会成为全球最大的最具魅力的物流市场。2030年，中国将成为全球的贸易中心。由此，中国需要构建起一个连接五大洲、横跨四大洋，通达主要国家目标市场的全球物流体系。这个全球物流体系有"四梁八柱"，这四梁就是全球物流信息网络、全球物流运营体系、全球物流标准体系和全球物流政，策八柱就是国际铁路、公路、水运、航空、管道、邮政快递、多式联运，以及中转仓储配送等系统。八柱需要四根梁搭起来。

"物流这么发达，人岂不是越来越懒？下楼到小卖部买个油盐酱醋还要人家送。"我感慨。

"技术的发展不就是为了让生活更便利吗？"小涓不以为然，"专业分工会越来越细，像我做技术的，就可以腾出时间精力专心进行自己的研究。你也可以专心从事你的写作呀。"

5.智能交通与无人驾驶

在2016年悄然兴起的共享单车，让人们体验了每个交通工具都可联网带来的便利出行。在摩拜展示的北京单车轨迹数据视频中，从中关村开始的一个亮点，到覆盖全城各条道路，摩拜仅用了15天。

摩拜单车简约的外观设计迎合了现代城市人们便捷骑行的需求，自主研发的摩拜单车以4年免维护为目标，采用轴传动、实心胎设计，车身材料使用拉丝抛光的铝材，解决了传统自行车轮胎需要打气，容易掉链子、生锈，以及需要经常维护的问题。只要手机安装摩拜单车APP，走到单车旁扫码就可骑走，或提前在手机上搜索附近的单车进行预约。骑车到达目的地后，把单车停好锁上，就可以走了。车费通过远程系统按照使用时间自动收取。有人说共享单车解决了最后1千米的问题。

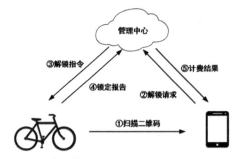

图1-16　摩拜单车使用模式　图片来源：作者提供

目前人们远距离出行采用汽车、火车、飞机、船四种交通运输方式，美国超级高铁公司Hyperloop One希望创造第五种交通方式，一种点对点的交通方式，超级高铁需要在真空管道内使用磁悬浮车厢来运送人员和货物，最高时速可达750英里（约为1200千米）。用户安装手机APP后，输入目的地，应用就会安排自动驾驶汽车在指定位置接乘客上车，乘客进入车内后，调度系统会将其运送至最近的Hyperloop超级高铁的轨道入口，然后以音速级将乘客迅速送达目的地。这种出行模式还只是一个设想，有点像我们熟悉的"滴滴"，但是它集成了高铁、自动驾驶汽车、智能手机GPS应用和云端管理调度中心，是一个完全智能化的未来交通方式。

无人驾驶汽车将引发全球汽车行业的变革，有专家预测，再过5～10年，无人驾驶汽车就会随处可见。汽车制造商、无人驾驶软件系统制造商、车载传感器制造商，纷纷研发、试验、测试、投产，同时，由物联网催生的车联网应用也呈推波助澜之势，两股力量似乎合力推动着这一场由汽车引发的变革。

几乎所有的对智能汽车和车联网的研究，都提到了行车安全问题。每年约有125万人死于道路交通事故，全球每年死于交通事故人数90%的事故是由司机过失引发的。

不管车载终端使用专用设备还是手机，借助GPS，雷达、激光传感器、红外、CCD摄像机，以及手机内置的方向、加速度、陀螺仪、光线、重力、旋转矢量传感器等，智能汽车能对追尾碰撞、紧急刹车、危险路径做出预警，还可以对危险驾驶行为进行监测，像酒后驾驶、疲劳驾驶以及开车时使用手机这类危险情况，车载系统都可以进行识别。

在由汽车构成的自组织网络中，每辆车在报告自己的位置、速度和方向信息的同时，也获取了周围汽车的信息，通过信息的整合处理，车载系统判断与前车发生追尾碰撞的可能性，如果危险就通过声音或者图像提示驾驶员。汽车进行紧急刹车这样的信息，也会通过车联网广播发送给周围的汽车。遇到雨雪雾天气，路面湿滑，能见度差，如果对后车驾驶员提示紧急刹车，也会降低追尾碰撞的可能性。还有在路口经常见到不减速通过的货车，让人惊出一身冷汗，如果驾驶员能在通过路口前得到危险提示，可能会减少很多事故。

智能手机的广泛使用，使得获取汽车的实时信息更加方便。借助智能手机的陀螺仪、GPS、加速计、麦克风等内置传感器能够判别换道、转弯、弯道等情况。当监测到突发性驾驶动作时，对周边车辆进行警告，避免因突然换道引发的碰撞事故。结合GPS数据得出的车辆运行轨迹图，可以判断车辆是否频繁更换车道，从而判别该车辆驾驶员是否有酒后驾驶嫌疑。通过手机前置摄像头检测驾驶员的面部朝向和眼睛闭合状况，可以判断驾驶员是否疲劳驾驶。有的研究还通过车上的四个扬声器所发出的高频音频信号来定位手机位置，利用加速计和陀螺仪判断车辆在转弯时的手机离心加速度，识别出手机是否在驾驶员位置，进而对手机进行屏蔽，保证驾驶员精力集中。

V2V（Vehicle to Vehicle）通信技术实现车辆间的无线通信，让车辆可以互相"交流"，提示可能发生的交通事故。V2V系统每秒发送10次信息，每次发送11个数据，包括GPS定位信息、加速度、刹车状态、方向盘转角和车速等信息。行驶车辆可以利用周边车辆情况，减轻交通事故危险。目前，在美国V2V系统已经大力推广，主要的推广者包括通用、福特。此外，还有丰田、宝马、戴姆勒、本田、奥迪和沃尔沃等汽车厂商也在积极研发。中国长安汽车2015年8月称，计划在2018年将V2V通信技术加入汽车中，期待V2V技术在几年后能够在中国普及，切实提高行车的安全性。

图1-17 V2V通信北京街景合成图 图片来源:李欣桐提供

目前,在一些高档品牌的量产汽车中,都具有辅助驾驶功能,比如车道偏离警告、正面碰撞警告和盲区报警系统。有的还具有半自动驾驶功能,在沃尔沃XC60、奔驰S级和奥迪A8L等车型上,都配备了带自动刹停功能的自适应巡航系统和预防性安全系统。智能汽车从辅助驾驶、半自动驾驶,已经发展到高度自动驾驶。在驾驶员的监控下,汽车自主行驶在道路上。不少厂商对完全自动驾驶进行了道路试验。

谷歌公司的无人驾驶汽车已经有了试验车,无人驾驶车队已经在美国佛罗里达州、内华达州、密歇根州、加利福尼亚州进行了试运行,行驶距离超过了200万英里①。谷歌雄心勃勃地宣布,将在2020年推出没有方向盘和踏板的自动驾驶原型车,这将是真正的无人驾驶自动交通工具。

在北京,2015年3月,搭载了自动驾驶系统的沃尔沃V60汽车,在北京六环路上以70千米/小时的速度平稳行驶,累计行程达1200千米,行驶过程没有驾驶员介入。沃尔沃还承诺,负责汽车在无人驾驶状态下所造成事故的全部责任,这是第一个公开做出责任承诺的自动驾驶

---

① (1英里 = 1609.3米)

汽车厂商。中国最大的互联网搜索引擎公司百度，于2015年12月10日宣布，在高速路上对无人驾驶车完成了30千米的自主测试。

图 1-18　百度推出的无人驾驶汽车　图片来源：百度网站

图 1-19　2017年6月驭势科技公司无人驾驶车在杭州来福士广场停车场向商场顾客提供摆渡服务　图片来源：周小成提供

[延展阅读]

无人驾驶引起的争论

为了适应自动驾驶汽车发展的需要，美国有4个州及哥伦比亚特区已经通过法律，允许无人驾驶汽车上路。美国国家公路交通安全管理局，是负责制定和执行汽车安全标准与法规的部门，他们正在测试无人驾驶技术和视觉感应系统是否可以在道路上使用，建立一套测试方法，纳入对汽车的评价体系中，目标是推出规范自动驾驶汽车的技术标准。英国也在无人驾驶汽车行业不甘落后，计划在未来的财政预算里，对无人驾驶汽车投入巨额资金。有人预计，2030年无人驾驶汽车市场的规模将达到1020亿美元。然而对无人驾驶的利与弊，一直在争论。

正方观点：无人驾驶是节能环保的代名词。

在大城市里，自驾车常遇到交通堵塞、无处停车，路怒症也由此产生。根据得克萨斯州交通研究所发布的报告显示，美国人每年在拥堵中所浪费的时间达到38小时，而浪费的汽油量超过了19亿加仑[①]！由此推断，在这段时间里所造成的经济损失每年高达1240亿美元；同样，根据这份报告预测，如果没有有效解决拥堵的方法，问题将会日益严重。而无人驾驶汽车似乎是提高效率的完美解决方案。

在拥堵的道路上行驶，频繁的起步停车会增加汽车的能耗。使用了V2V技术，车辆可以形成车队，一个贴着一个地行驶，车辆间协作可以保持合适的车速，使停车起步次数降到最低，从而降低了油耗。将交通信号灯也接入车联网，通过这种V2I（Vehicle to Infrastructure）车辆到基础设施的技术，交通信号灯能够调节放行

---

① (1加仑 = 3.785升)

时间，那么车辆可以进一步减少起步停车的次数。在车辆的自组织网络中，利用周边车辆、道路、地标建筑物、行人信息进行路线规划，可以选择避堵路线，更高效地到达目的地。而智能交通的基础设施，通过汇总处理车辆发出的实时行驶信号，可以自动调节交通灯时间、车道数量等，使得交通流量趋于平稳，整体交通状况变好，车辆在拥堵中的时间少，消耗能量也少。

完全无人驾驶汽车普及的城市，将不再有司机这个职业，不能驾驶车辆的老人、小孩、残障人不必驾车就可以坐车。车辆回归代步工具的作用，越来越多的人们不再愿意拥有汽车，无人驾驶的叫车服务取代私家车，这样私家车停车位也可以节省下来。

反方观点：无人驾驶是无道德驾驶。

无人驾驶汽车也是一把"双刃剑"，如果遇到车载电脑死机，将如何处置"疯狂"的汽车？在遇到危险复杂路况、事故不可避免时，无人驾驶汽车是选择撞人还是撞车？如果发生了事故，是汽车厂商、软件系统商、传感器制造商、GPS服务商还是保险公司负责任？如果无人驾驶汽车计算机系统遭到黑客入侵，我们还能到达目的地吗？车辆行驶信息被广播出去，我们的行踪将无处可藏，数据安全将如何保证？

无人驾驶汽车最大的难题，可能是如何具备"道德"。如果一辆大货车急速迎面而来，无人驾驶汽车将如何规划，是撞向左侧车辆，还是撞向右侧人行道。显然探讨这些问题将极大地考验人类的智慧，但是无人驾驶汽车将携带着众多技术难题和"道德"难题，以不可阻挡之势迅速发展和普及。

对于爱好操控汽车、爱好自驾旅游的人们，还是抓紧体验驾驶乐趣吧。

二　底层支持：计算机技术带来的改变

通过蓝牙，我成功将一段优美的音乐传到小涓的手机中。我们两人完全无差异地共享了这段信息。在听音乐的时候，我通过新闻APP浏览即时发生的新鲜事，在微信和QQ上处理事务，还顺便发了一条微博。我仿佛身处海洋之中，周围全是信息组成的海水。

"这样的信息环境，古人无论如何都想象不出来。"我感叹。"未来的信息环境，只会比现在更好吧？"

"当然，底层支持技术一直在改进。将来，信息交互都不会用到手机了。"小涓晃晃手机，"眼镜、手表、冰箱的表面，都可以成为信息交互的显示界面，方便与人或者物联络。"

1.信息爆炸带来的大数据时代

如果没有足够丰富的数据信息来进行处理，那么网速再快对我们也是没有意义的。国家的发电量、煤产量、钢产量是数据，我们个人的身高、年龄、体重甚至位置也是数据……这些数据原来分散闲置，虽然各自有着不可忽视的价值，却并没有被联系在一起，无法体现出综合应用的价值。然而，随着计算机技术的发展，收集、储存和处理海量数据越来越轻松，数据信息的价值便凸显出来，成为今天最热门的词汇"大数据"。

前文讲到物联网，未来的万物，小物件从牙刷、牙膏到衣服、鞋袜，大物件从车子、房子等全部联网，装上各种微型传感器。用户的任何个人体验都会被这些东西上的传感器传给商家、医疗健康机构等单位，他们会从这些看似不相干的数据中分析出用户的身体健康情况、生活习惯、个人喜好等信息，从而对用户进行精准营销，向用户推荐适合他的个性化产品。

对数据进行采集和分析，正是计算机的专长。在大数据时代，只要上网，网络上的行为便会被网页记录下来。智能手机中的各种APP软件，比如支付APP会分析出用户的消费习惯和消费喜好。餐饮外卖APP，则记录下用户的饮食偏好、饮食营养程度。海量的信息在记录的同时，完成分析、上传的过程，APP软件的后台轻松地就收集到用户有效的数据。

图2-1 一个餐饮外卖APP，在不同的地方会根据当地饮食特色调整内容 图片来源：作者提供

数据无处不在。这个世纪才开了个头，数据信息就已经成为迅猛发展的产业，各种数据在移动互联网、社交网络、电子商务等的推动下急速累积。于是产生了"大数据时代"。大数据渗透到了各个行业和业务职能领域，成为重要的生产因素。不同行业的大数据内容和开发应用特点各有不同，证券、投资服务以及银行等金融服务领域拥有最高的平均数字化数据存储量，通信和媒体公司、公共事业公司以及政府等组织也有规模显著的数字化数据存储量。

通过用户行为分析实现精准管理、科学决策和人性化服务是大数据的典型应用，大数据在各行各业特别是公共服务领域具有广阔的应用前景，包括消费行业、金融服务、食品安全、医疗卫生、军事、交通环保、电子商务和气象等。

大数据的使用将成为未来提高竞争力、生产力、创新能力以及

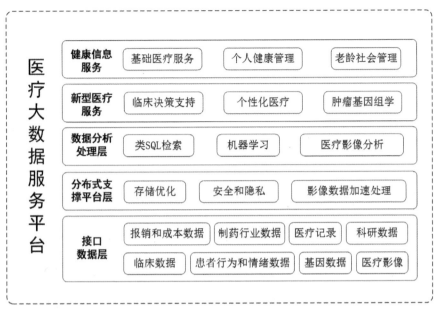

图 2-2　一个利用大数据建立起来的医疗平台概念图　图片来源：作者提供

创造消费者盈余的关键要素。

例如在医疗卫生行业，利用大数据能够避免过度治疗，减少错误治疗和重复治疗，从而降低系统成本，提高工作效率，改进和提升治疗质量。在公共管理领域，利用大数据可以有效推动税收工作开展，提高教育部门和就业部门的服务效率。零售业领域，通过在供应链和业务方面使用大数据，可以改善和提高整个行业的效率。市场和营销领域就更是大数据一展身手的领域了，可以帮助消费者在更合理的价格范围内找到更合适的产品满足自身需求，提高产品附加值，大数据同时为商业和消费者创造价值。

麦卡锡公司研究报告指出，预计美国医疗行业每年通过数据获得的潜在价值可超过3000亿美元，能够使美国医疗卫生支出降低超过8%，充分利用大数据的零售商有可能将其经营利润提高60%以上。通过利用大数据在政府行政管理方面的运作效率将提高。估计欧洲发达经济体可以节省开支超过1000亿欧元，其中尚不包括可以用来减少欺诈、错误以及税差的影响作用。

许多行业和承担业务职能的组织可以利用大数据提高人力、物力资源的分配和协调能力，减少浪费，增加透明度，并促进新想法和新见解的产生。

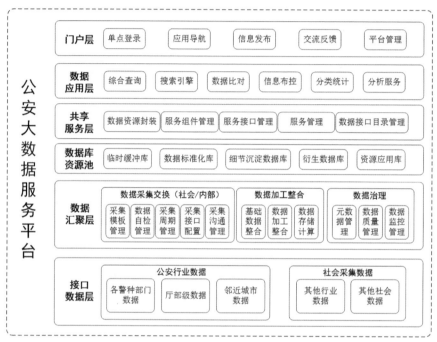

图 2-3　大数据在公安系统的应用平台概念图　图片来源：作者提供

大数据的有效利用可以创造巨大的潜在价值。

一是提高信息透明度，让利益相关方能够更加容易地及时获取信息，例如在公安部门，让原本相互分离的部门之间更加容易地获取相关数据，就可大大降低搜索和处理时间。在制造业，整合来自研发、工程和制造部门的数据以便实现并行工程，可以显著缩短产品上市时间并提高质量。

二是可以通过实验来发现需求、暴露可变因素并提高业绩。随着组织创造并存储更多数字形式的交易数据，并以实时或接近实时的方式收集更多准确而详细的绩效数据，组织能够通过安排对比实验，运用数据分析做出更好的决策，例如在线零售商，通过将流量和销售结合的试验论证决定价格调整和促销活动的制定。

三是更加精准地组织市场，根据客户需求细分人群。利用大数据使组织能够对人群进行非常具体的细分，以便精确地定制产品和服务以满足用户需求。例如在公共部门如公共劳动力机构，利用大数据为不同的求职者提供工作培训服务，确保采用最有效和最高效的干预措施使不同的人重返工作岗位。

四是可以协助决策者更加科学地进行决策。大数据的自动处理能够更好地为决策者提供更加精准恰当的决策支持，通过对大数据的自动处理来替换或支持人为决策。有些组织已经在通过分析来自客户、雇员甚至嵌入产品中的传感器的整个数据集，做出更有效的决策。

五是能够创新商业模式、产品和服务。例如在医疗保健领域，通过分析患者的临床和行为数据可以创造有针对性的预防保健项目。致力于服务业的互联网公司利用收集到的大量在线行为数据，可以迅速更新服务内容，甚至预设用户的需求。

大数据本身只是大量数据的集合，如果不加以分析、提炼、整合，数据本身并不具备太大意义。目前大数据管理多从架构和并行等方面考虑，解决高并发数据存取的性能要求及数据存储的横向扩展，但对非结构化数据的内容理解仍缺乏实质性的突破和进展，而这是实现大数据资源化、知识化、普适化的核心。非结构化海量信息的智能化处理包括自然语言理解、多媒体内容理解、机器学习等。

我国对大数据早就做出了产业布局，将大数据发展提升到国家战略的高度。国家将围绕拓展新兴信息服务业，组织实施大数据加工、处理、整合和深加工的信息资源与内容服务业示范工程，面向重点行业和重点民生领域，包括金融证券、医疗卫生、税务海关、交通运输、社会保障、电子商务等领域，开展大数据重大应用示范，提升基于大数据的公共服务能力；加快推动北斗导航核心技术研发和产业化，推动北斗导航与移动通信、地理信息、卫星遥感、移动互联网等融合发展，支持位置信息服务市场拓展，完善北斗导航基础设施，推进服务模式和产品创新，在重点区域和领域开展示范应用；大力发展地理信息产业，拓宽地理信息服务市场，推进大数据技术和服务模式融合创新，支持大数据服务创新和商业模式创新；组织实施基于大数据的信息内容加工服务业典型示范工程，包括关键技术产品产业化以及大数据生产、转换、加工、投送平台和专用工具的产业化项目，为丰富信息消费内容产品供给提供支撑；组织实施自主可控的大数据关键技术产品产业化项目，主要包括商业智能、数据仓库、数据集市、元数据、可视化技术等。

近年来，我国大数据产业发展很快。2014年，数据处理和存储类服务实现收入6834亿元。2015年4月，全球第一个大数据交易所贵阳大数据交易所挂牌，7月长江大数据交易所（筹）和东湖大数据交易中心在武汉成立，12月华东江苏大数据交易中心平台上线运营。贵阳大数据交易所通过自主开发的电子交易系统，交易所面向全球提供7×24小时永不休市的大数据交易专业服务，包括提供完善的数据确权、数据定价、数据指数、数据交易、结算、交付、安全保障、数据资产管理和融资等综合配套服务。截至2016年9月1日，贵阳大数据交易所交易额累计突破1亿元，交易框架协议接近3亿元，已发展华为、阿里巴巴、京东等企业会员500多家，可交易数据产品接近4000个，可交易的数据总量超过60PB。

据《2016年中国大数据交易产业白皮书》预计，中国大数据产业市场规模2020年将达13626亿元，其中大数据交易545亿元。2016年《中国城市大数据市场专题分析》报告称当年我国城市大数据市场规模达132.8亿元，同比增长45.9%，到2017年有望增至189.4亿

图 2-4 贵阳大数据交易所的官方网站首页部分内容 图片来源：网站

元。未来5年，中国大数据产业规模年均增长率将超过50%，到2020年中国的数据总量将占全球数据总量比例的20%，成为世界第一数据资源大国。届时，中国将成为全球数据中心。

大数据离不开云处理，云处理为大数据提供了弹性可拓展的基础设备，是产生大数据的平台之一。自2013年开始，大数据技术已开始和云计算技术紧密结合，未来两者关系将更为密切。随之兴起的数据挖掘、机器学习和人工智能等相关技术，可能会改变数据世界里的很多算法和基础理论，实现科学技术上的突破。

数据科学已成为一门专门的学科，被越来越多的人所认知。各大高校也将设立专门的数据科学类专业，出现数据分析师等一批新的职业。目前，数据分析师大多是自学成才，因而供不应求，各用人单位对此都十分需求，达到了20个岗位抢一个人的稀缺程度。与此同时，跨领域的数据共享平台纷纷建立，受到欢迎。

"大数据这么有用，但如何从海量互联网数据中获得信息？"我疑惑，问："数据之多如大海，搜索引擎也得特别强悍吧？否则，根本无法找到想要的信息。"

"那是当然，新的搜索手段层出不穷。而且，我们还需要一个新的记忆终端，云记忆。"小涓回答道。

2.记忆在云端

有个热播电视节目叫"最强大脑",节目里的能人们记忆超群,记图书出版信息、记魔方墙色块、记陌生人脸……我们一切的记忆都来自大脑,不管"最强"大脑还是"普通"大脑。大脑的工作模式就像是智能关联检索——输入检索关键词,然后在各种相关记忆中匹配与当前场景关联度最高的一种方法。这像是信息检索的过程。

当人们习惯使用网络搜索后,我们知道了更多事情:搜索"儿童流鼻涕",各种针对不同年龄小孩子流鼻涕的对症用药、网上求医论坛的相似病例,让你分分钟成为儿童感冒专家;搜索"米克诺斯岛",百度百科有详尽岛屿介绍,优美的地中海蓝白小镇梦幻图片、希腊旅行各类全攻略跃入眼前,让你还没迈出家门一步就有了身临其境的感觉。网络延伸了人们的记忆,它成为比大脑记忆容量更大的"最强大脑"。人们不必记忆所有事情,只记得关键字就可以了。

在庞大的互联网上,存储了多少数据?要计算出精确的信息总量比较困难,但有一组研究预测数据告诉我们,数字数据的增长是多么快速。

在2007年,全球所有数据中有7%是存储在报纸、书籍、图书等媒介上,其余全部是数字数据。到了2013年,世界上存储的数据预计能达到约1.2 ZB[①],其中非数字数据只占不到2%。

与1439年印刷机发明造成的信息爆炸相比,欧洲的信息存储量花了50年才增长了一倍,而如今大约每3年就能增长一倍。

谷歌公司每天要处理超过24 PB[①]的数据。这意味着每天的数据处理量是美国国家图书馆所有纸质出版物所含数据量的上千倍。

---

① 1 ZB=1024 EB, 1 EB=1024 PB, 1 PB=1024 TB, 1 TB=1024 GB, 1 GB=1024 MB, 1 MB=1024 KB, 1 KB=1024 B

Twitter上的信息量几乎每年翻一番，截至2012年，每天都会发布超过4亿条微博。

"搜索引擎"是从20世纪70年代兴起的，起初指一种提供文本搜索服务的硬件，后来人们逐渐用这个名字称呼对文本进行查询和排序的软件系统，"信息检索系统"的名字反而被淡忘了。

想弄清楚搜索引擎是怎么办到的，其实并不难。它只做了两件事：一是索引，就是给所有的信息排个队，让它们不是混乱无序的；二是查询，就是根据输入检索内容的不同，找到相关的信息。索引是为了查询，就像超市里给货品分成生鲜、日用、服装等很多区，同类的货品放在货架临近的位置上，这样顾客很容易找到需要的商品；而每次查询结果又可以让索引更优化，就好比把热门商品放在醒目的位置，路过的顾客可以方便快捷地找到。

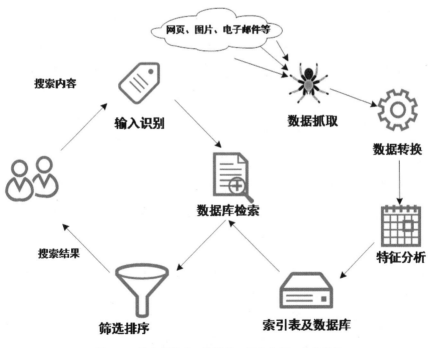

图 2-5　搜索引擎的工作模式　图片来源：作者提供

去实现一个搜索引擎是有点挑战的事，对于网络搜索引擎来说，最先做的是收集信息，从浩如烟海的互联网信息中去爬取。有一种工具叫"爬虫"，它通过跟踪网页中的超链接，来获取更多的网页，把它们下载回来，去除重复的，替换陈旧的。然后，大量的原始信息被自动读取和解析，每个网页、文档或电子邮件里面的关键字被找到，它们可以作为这段信息的索引项或者特征，就是给原始信息贴了一个标签。后面的步骤就是按标签类别排序，索引就建成了。

然而这只完成了一半的工作，还有另外一半——查询。正如我们看到的，在搜索框输入文本，隔不足一秒，搜索结果就显示在眼前。这背后要有强大的计算能力来支撑，解析输入文本识别索引项，按图索骥找到和索引项匹配的文档，将所有匹配文档按照复杂的统计方法排好序，然后以摘要、快照等形式显示出来。搜索引擎快速返回结果的秘诀是什么？答案是分布式处理和缓存，这应是一切大数据处理的不二法宝，广泛应用于不同场景，要解决的问题是惊人的一致，就是高效率。索引表可以分到不同的联网处理节点保存，这样查询也可以并行开展。对大量用户重复搜索的内容，保存一份在高速缓存上，再遇到这个查询时，搜索引擎立即就返回结果了。

百度搜索的"魏则西事件"，使搜索排序规则成为社会关注的问题。调查组对百度公司提出了整改要求，不能仅以给钱多少作为排位标准，直接痛击了当前互联网搜索引擎被扭曲的排序规则。面对大规模的互联网信息，日益凸显出了对信息进行组织、分类、过滤的重要性，而搜索引擎作为信息的过滤者，行使着巨大权利，作为信息的传播者，拥有着巨大能量。这个力量的运用终要有伦理和法律的界限，不能变为信息操纵。

计算机是没有语言理解能力的，一篇文档是否满足检索要求、多大程度满足检索要求，是靠检索关键词的匹配度分数的高低来判断的。分数越高关联度越强，在显示结果中的排序就越靠前；如果全文找不到一个关键词，分数就是零，意味着这篇文档和检索内容一点也不沾边，当然就不会在检索结果中。在对互联网抓取的文档进行分析后，会生成一组特征或索引项，这些标签代表了文档内容的主题和质量。比如一篇《爸爸去哪儿》的节目评论，经过文本扫描和分词，文档的关键字有"刘烨、湖南卫视、电视节目"，关键字属于话题特征，按照文档的相关度高低给每个关键字打分；另外网页被引用次数越多，更新时间越近，网页内容越可能受关注，满足检索要求的可能性更高，在网络连接引用和更新时间这两个特征上打分。有了所有特征的分数，可以计算出文档总体匹配度分数。其他文档照此办法得到的分数没有这篇评论的分数高，那么这篇评论文章呈现在计算机搜索结果的最前面。

搜索引擎必须为结果排序，不可能将信息平等地呈现，而不同搜索引擎的排序算法设计又体现了不同的喜好，可谓各有千秋。淘宝的搜索排序规则将卖家服务质量作为重要因素，对排序的影响权重较大。卖家的违规扣分程度、退款次数和比例、投诉笔数等，将直接影响其在淘宝搜索结果中的排位，同时，作弊记录也开始累积并存档，作弊的卖家会被搜索引擎降权，严重的甚至直接过滤不展现。京东的搜索排序规则把诚信放在第一位上；其次才是文本相关性和类目相关性；对触犯京东平台规则、严重影响用户体验、影响商业公平竞争的作弊行为，将受到搜索屏蔽、搜索降权等惩处。百度搜索除了竞价排名规则外，百度旗下的产品排名靠前，比如百度文库、百度知道、百度百科、百度经验、百度学术等，而后免费排名则依靠网站总体信誉度、点击量和链接数等因素来决定。

面对汹汹到来的数据洪流，可能有人会说，这么多数据未必都是我需要的。然而，当有这样庞大的数据基数，人们从中得到有益信息也是爆炸式增长的，借助如今发达的互联网，信息随时可以获取，有谁会拒绝吗。不知不觉，人们遇到困惑的问题不再去问同事、朋友，而是在网上自主解决，因为在网上获取的知识和信息更准确，更全面，也更快捷。远在云端的海量数据，其实近在咫尺，与人们无缝连接，成为每个人的专属记忆。

大脑既然有了网络存储记忆这个新搭档，那么人们对信息细节就不太关心了，只记住怎么找到它就可以了。传统的获取信息方式有很多，比如去图书馆查文献，到学者家登门拜访，给同事或朋友打个电话。这些方式是没有互联网搜索以前人们常用的方法。当个人遇到信息瓶颈时，会依赖外部的资源。同样，在互联网时代，人们越来越习惯依赖的外部资源是互联网。搜索引擎采取互动的方式，可以通过大量相关搜索信息来回答人们五花八门的问题。

人们依赖的外部资源提供的信息成为扩展的大脑记忆，和传统方式相比，云端记忆优势明显：它们始终在线，随时随地都是可用的；它们准确无误，对于同一个话题有很多相关信息，人们可以自行甄别评判，获得最佳答案；它们包罗万象，在网上可以找到几乎所有话题，对于难以开口求助朋友的问题，也可以直接获得；它们无比高效，百度搜索可以在不到一秒给出上千万条检索结果。在这些方面，传统信息获取方式做不到，如果我所拜访的学者出国访问了，我的朋友记错了一些事，我的个人隐私羞于开口，那么传统方式完全无法得到人们想要的信息。

在这样的局面下，个体记忆与云端记忆融合在一起，形成人们庞大的"新记忆"，始终在线的网络分担了一些记忆。传统的由朋友构成的社会网络，一定程度上被虚拟的互联网替代，搜索引擎对海量的云端记忆进行了整合，使之方便获得。当人们拥有云端记忆，就仿佛拥有"最强大脑"，优越感油然而生，认知水平的提升将增强个人的自信心，甚至感觉自己更聪明了。这些是云端记忆带来的一些改变。

"依托于大数据带来的大信息量，人工智能的发展加快了速度。"小涓说，"深度学习算法和大数据结合，使新的人工智能算法越来越好，人工智能的学习能力也在逐渐提高。"

"你说的是阿尔法狗吗？"我笑。大众喜欢把这个叫AlphaGo的围棋人工智能程序称为阿尔法狗，这使它听上去更像一个活的生物。2016年3月，阿尔法狗与围棋世界冠军、职业九段选手李世石进行人机大战，结果以4∶1的总比分大获全胜。

"是的，阿尔法狗。"小涓点头，"它主要就是深度学习，应用多层人工神经网络进行反复训练，找到最优的方案。"

3.人工智能在成长

从计算机诞生之初，就有人预测：让计算机像人一样具备智能已经近在眼前，甚至在20世纪50年代，科幻小说作家们就写出了计算机和人类较量智慧的小说。可现实经过了50年，人工智能的发展都没有取得较大进展，制造像人类一样思考和行动的机器人更如天方夜谭。直到进入21世纪后，大数据带来的新智能革命，也给人工智能带来了春天，一直进展缓慢的人工智能研究，开始取得一个又一个的突破。

看看我们时刻不离的手机，巴掌大的手机壳里集聚了智能语音、智能视觉、体感感应、重力感应、手势感应等功能。还可以对手机说话，提出要求："最近的餐厅在哪里？""通信录中的人有没有在附近的？""播放我一月在三亚拍的照片""告诉我回家的路线"等，手机中的相关程序便会给出回答。

手机贴近耳边就能拨打电话，用手在手机上面摆动就可以接听来电；只要在阅读，屏幕就不会变暗；手机还有运动记步功能、屏幕自动翻转等。甚至手机可以通过感知光线强弱协助盲人关灯、关窗。

智能手机的这些用户体验使手机不再是一部冷冰冰的机器，它是贴心的、周到的、聪明的"朋友"，让人离不开忘不掉，有手机在就有了安全感，手机如果没电简直天都要塌下来了。

手机能够变得如此不可思议，得益于越来越快的处理芯片，越来越大的内存，以及工艺和材料的进步带来的大规模集成电路。在这种急速的发展中，手机表现得越来越人性化，更像我们身边一个无所不能的工作和生活助手，而不是单纯的通信机器。这种"人性化"表现，毫无疑问是一种人工智能行为。

在人工智能发展的漫长历程中，出现过很多理论和方法，各自引领了一段发展潮流，在20世纪80年代，IBM提出智能来自计算能力。1997年5月11日，计算机首次击败了排名世界第一的国际象棋世界冠军卡斯帕罗夫，IBM公司的国际象棋电脑"深蓝"赢得了人机大赛。体育评论这样写道：在前五局以2.5对2.5打平的情况下，卡斯帕罗夫的助手看见他坐在房间的角落里，双手捂面。随后的第3、第4、第5局三场和局拖垮了他的斗志，卡斯帕罗夫在第6盘决胜局中仅走了19步就向"深蓝"拱手称臣。整场

图2-6　一家药店的付款处。扫描二维码用手机移动支付，已经成为商家的标准配置，这拓展了手机的功能，也使手机更为有用　图片来源：作者提供

比赛进行了不到一个小时。这消息对人工智能研究领域来说，是轰动一时的。然而计算机面对更加复杂的围棋时，却等待了很多年，直到AlphaGo出现。

进入21世纪，人工智能界形成了普遍共识，就是智能不仅来自计算能力，还要基于大数据。基于大数据提供的信息量，机器学习具备了大容量、多样化的训练数据，与其说机器变得越来越聪明了，不如说是用于机器学习的资料变丰富了。通常机器学习的过程是，设计和分析一些让计算机可以自动学习的算法，给算法输入大量的训练数据，通过对海量数据中的信息进行自动筛选、分类和关联，自动分析建立模型，然后依靠模型对未知数据进行预测。大数据的使用也离不开机器学习，几乎典型的大数据应用分析都使用了机器学习技术，从文本、视频、图像、语音、表情、动作、地理信息和浏览器点击等数据中自动提取有价值的信息，成为大数据分析应用的幕后英雄，如果没有机器学习技术，人们可能会"淹死"在汹涌的数据洪流中。

计算机程序如何在不断积累的经验中自动提高执行性能，这是机器学习要解决的问题。机器学习是一个汇集多学科概念和成果的理论，这其中包括统计学、认知科学、生物学等。对于不同的学习任务，机器学习会选择解决任务最适合的算法和实现途径。

有一种机器学习的方法叫"分类"，能够识别出对象是预先定义好的哪一类，这能解决很多问题，比如断定一封邮件是不是垃圾邮件，一个心电图是不是正常的，这都是分类技术的功劳。不管哪种分类方法，首先需要一批已分类的数据，称作训练数据，通过学习这批数据，建立分类模型。训练数据越多，并且训练数据的多样性越高，分类模型越好，也就是用它对未知分类的数据进行预测的结果越准确。

还有一种机器学习的方法叫"聚类"，这种方法是将数据划分成有意义的组，比如基因研究借助聚类技术发现，很多生物具有相似功能的基因，从而能够找到自动创建的物种分类结构。聚类给一些数据对象分组，也可以叫作划分或者分割，与前面介绍的分类不同，数据通过聚类被打上标签，这些数据标签是预先不知道的，而数据分类的过程中，用于学习的数据标签是已经知道的，标签也是定义好的。

深度学习是当下机器学习领域最热门的，这种方法源于人工神经网络，2006年被提出来。人工神经网络模拟大脑的结构：人的大脑主要由神经元细胞组成，神经元细胞有很多突触延伸出去，神经元通过叫轴突的纤维丝连接在一起，纤维丝连接不同神经元细胞的突触，连接处叫神经键。当神经元受到刺激时，神经脉冲通过轴突从一个神经元传到另一个神经元。神经学家发现，大脑在受到同一个神经脉冲反复刺激下，会改变神经键连接强度来进行学习。

科学家因此受到启发，建立人工神经网络。这个网络最简单的结构叫感知器，类似于大脑的神经键。感知器通过算法参数调整，使得输入训练数据得到和实际输出一致的结果，完成学习过程。因为只有一个输出，感知器的工作原理和结构都十分简单，可以看作是一层神经网络。但如果在网络的输入层和输出层之间有多个中间层，那么人工神经网络将瞬间复杂起来，可以想象学习过程也变难了很多。深度学习结构就是含有多个隐藏的中间层的多层感知器构成的，形似加强版的人工神经网络。由于多层结构可以表达复杂一些的信号，表达能力有了很大提高，因此深度学习方法更适合处理复杂的信号，比如图像分类、人脸和语音识别等。

在互联网上，除了大量的文字信息，还有很多图片数据。每天，人们会上传大量的照片到微信、微博等社交网络上，各大网站也有大量的新闻报道图片产生。这些图片所包含的信息量非常之大。与针对文字类信息的语义识别不同，要想理解这些图片的含义、让搜索引擎快捷地找到特定的图片，需要图像识别技术来实现图片分类。

早在2007年，受启发于儿童的学习模式，为了实现计算机自动识别和理解图像，斯坦福大学人工智能实验室和视觉实验室的李飞飞教授，决定建立庞大的图片数据训练集，这要比孤立地研究图像识别算法优化有效得多。通过与普林斯顿大学李凯教授合作，发起了ImageNet计划，目标是建立世界上最大的图像识别数据库。在亚马逊的众包平台上，世界各地167个国家接近5万人参与了图片的收集、筛选和分类工作，很快一个覆盖22000种物品的含有1500万张照片的数据库建成了。整个数据库可以从网上免费下载使用，全世界的研究团队都可以用它来训练自己的图像识别算法。

2010年，来自斯坦福大学、普林斯顿大学及哥伦比亚大学的科学家们启动了ImageNet ILSVRC（大规模视觉识别挑战赛）。2012年，最早提出深度学习的欣顿研究小组的Alex Net系统利用卷积神经网络把图像识别错误率降到了15%。2013年获胜者罗伯·费格斯的研究小组的错误率为11.197%。2014年，获胜者谷歌的GoogLeNet系统将错误率降到了6.656%。2014年，Facebook公司采用具有9层神经网络的深度学习方法，对人脸的识别率达到了97.25%。2015年，在ImageNet挑战赛中微软亚洲研究院的卷积神经网络系统首次超越了人类图像对象识别分类的能力。人眼辨别的错误率在5.1%，而微软的系统错误率低至4.94%。紧接着，谷歌的系统也获得了超越人眼的对象识别能力。

人脸一旦能够被机器精准高清识别，加上无处不在的视频记录仪，人的任何行为都将难以隐蔽。抢劫、偷窃的行为将得到遏制，也许会出现一个真正的"天下无贼"社会。普通人的生活也将会变得更加方便快捷，因为刷脸就可以验证人身份，无须再携带身份证件。在银行取钱可以直接刷脸，再不用担心忘记银行密码或者密码外泄了。

深度学习在图像识别、人脸识别方面的巨大成功，使人们有理由相信视频、语音等其他人工智能应用领域也将获得快速发展。计算机应用将进入全新时代。图片搜索引擎、自动照片分类、自动驾驶汽车等自然而然地摆上市场化普及的日程之中，不再只是一种概念设想。未来，人工智能还要走得更远，从看见到看懂、从听见到听懂，计算机将在我们指导下看得更好、听得更好，直到有一天诞生出完全独立的机器智能。这种智能将超越人的能力，到达我们无法想象的境界。

[延展阅读]

人工智能的技术奇点到了吗

北京时间2016年3月13日中午12点，在韩国首尔四季酒店，职业九段棋手李世石在连负三场后，战胜了谷歌设计的AlphaGo机器人，拿到首胜。据报道，现场气氛达到几天来的最高潮，所有人在欢呼，连谷歌工程师都在欢呼，多么有趣的场面！15日下午，这场人机对弈第五场结束，AlphaGo再次战胜李世石，比分4:1。

机器智能通过自我学习，进化到超越人类智能的那一天会到来。技术的变革仿佛有超过生物进化速度的势头，人类一旦被征服，就可能再也不能反超。一个观战的韩国大叔朴实的话语，道出了其中的无奈，"我们生而为人，生命有限，能力有限，只能带着这样的限制过下去，不是吗？"

图2-7　AlphaGo与李世石的比赛现场，这次人工智能战胜了围棋　图片来源：网络

未来学家预言人工智能的技术奇点的到来所引发的变化，会像两百万年前人类出现一样重大。当机器达到"强人工智能"，人

类社会将遭到巨大的冲击。科幻电影里出现过的无限生命、人机大战、宇宙殖民地等，将可能变为现实。这个一旦触及就无法避免的事件何时发生？现在机器智能与人类智能的差距有多远？人工智能是如何发展弥补这个差距的？

1961年，心智的计算理论被提出，认为认知是大脑的信息加工过程，认知可以由一个信息加工系统产生。2004年，掌上电脑的发明人、红木神经科学研究院创始人、美国工程院院士杰夫·霍金斯提出智能是基于记忆的预测。大脑从外部世界获取信息，并把它储存起来，然后把它们以前记忆中的样子和正在发生的情况进行比较，以此为依据进行预测。

我们的意识是我们感觉到的一切与源于大脑记忆的预测的结合。从这个意义上，智能被简化为一个计算过程。可以把人脑比作计算机，把认知过程与计算流程相对应，这样计算机就可以产生智能，并将实现人工智能、制造智能机器作为努力的目标。

人工智能何时能够到达技术奇点，实现重大的突破？学术界有两种不同的声音，正方的观点认为人工智能很快达到那个奇点，到时人类将受到威胁或者与机器融为一体；反方的观点认为人工智能还差的远呢，远未达到与人类匹敌的程度。下面看看学界的不同观点。

正方观点：人工智能很快达到奇点。

最具影响力的威胁论观点，要数未来学家库兹韦尔的"奇点理论"。在广为流传后，让人们感到无比惊讶，甚至被指责是伪科学、垃圾科学。在他的《奇点临近》一书中，预言2045年将出现"奇点"时刻，人类文明走到终点，生物人将不复存在，取而代之的是一个叫作"奇点人"的新物种。在2045年人类将与机器融合，获得永生。正如7万年前，非洲智人消灭了古猿人，人类智能达到"奇点"一样，人工智能也会达到这个"奇点"，这次是人类被消灭。这本书是被评为当年美国最畅销非小说图书、亚马逊最佳科学图书，比尔·盖茨推荐道，"雷·库兹韦尔是我所知道的预测人工智能未来最权威的人。他的这本耐人寻味的书预测未来信息技术得到空前发展，将促使人类超越自身的生物极限——以我们无法想象的方式超越我们的生命。"Sun公司创始人、前首席科学家也对这本书极力推荐。在"奇点"到来的新世界里，人类与机器、现实与虚拟的区别变得模糊。人类将不再衰老，疾病将被治愈，环境污染将会结束，世界性的贫困、饥饿问题都将得到解决。

近年来，脑机接口技术在人或动物与外部计算机之间建立了直接通信通路，在生物脑与电脑之间建立了感知与控制的双向通信机制，两者相互协作，形成了一个脑机融合的混合智能系统。

据英国《每日邮报》网站报道，日前西班牙、法国和美国的科学家联合用脑电波和仪器设备，实现了人机交流，成功将两个单词从一位印度志愿者的脑中传送到8000千米外的法国实验人员的脑中。这是人类首次"几乎直接"地通过大脑收发信息。目前试验基本上还是两地"脑-机"界面的结合，还不是真正的"脑-脑"通信技术，错误率为15%。

米格尔·尼克莱利斯（Miguel Nicolelis）领导的杜克大学神经工程中心（Duke University Center for Neuroengineering）的研究组，训练两只猴子用脑活动控制一只虚拟手的移动。这一成果发表在2011年的《自然》杂志上。

约翰·霍普金斯大学的研究者研制了一个用于仿真动物脊柱模式的芯片，可以控制一只瘫痪猫的腿部神经系统，使其自主行走。这个项目的最终目标是用来帮助脊柱损伤病人实现自主行走。

在脑机融合领域，我们看到了一些让人鼓舞的进展，仿佛看到了"奇点"到来时的新世界。

反方观点：人工智能离奇点还差得远。

脑神经学家对于大脑的研究极大地促进了人工智能的发展，然而大脑的奥秘远没有被揭示，人们认识到搞清大脑的工作机制才是根本，人工智能的发展也才刚刚选对了路。在杰夫·霍金斯的《人工智能的未来》一书中，"记忆—预测"理论框架主张，智能的关键是预测，制造智能机器必须了解预测的本质。客观世界并不是因为逻辑而构造的，计算机关注数值计算，更要解决现实问题，但对世界的认识并不是逻辑推理或计算来的，生物的智能是靠感知获得的，人类对复杂环境信息具有高效加工能力，以前和现在所感知的，具有关联，可以比较，逻辑是对相同结果进行等价判断的一种模式。人类更多的是具有从经验中反应的智能，而不是精准的逻辑分析。

一个实验就说明了计算机与人脑的天壤之别。在《人工智能的未来》中有个"一百步"法则思维实验，一个人可以在半秒钟内判断照片上的动物，而神经元传导信号的速度很慢，一个神经元从突触中收集信息、结合起来再输出电脉冲约在5毫秒内完成，半秒钟内信息只能传过100个神经元的链条，也就是说不管多少神经元参与这个判断动物的任务，大脑总能在"一百步"之内计算出问题的答案。而100条计算机指令几乎连在显示屏移动1个字符都不够。人脑是如何在100步内完成最大的并行计算机在100万甚至几十亿步都无法完成的工作呢，因为大脑不需要计算问题的答案，而是用记忆找出答案。

脑神经科学研究结果也揭示了大脑的独特。人类对外部世界的大部分感知是由视觉获得的，但不是所有视觉信息都被人脑加工，看到并不代表看见，同样听到也不代表听见，人脑对信息的感知具有选择性，重要的信息被大脑优先选取并加工。记忆是对感知的信息进行存储，大脑的记忆是随时更新的，旧信息被忘记，新的信息被记住，大脑的神经元的连接是随时变化的。大脑喜欢把新的感知与以往的感知进行比较，接近的判断为肯定，否则判断为否定。

近年来，模拟人脑工作机理的深度学习方法取得了巨大的成功，不少人认为结合大数据能够实现人工智能的突破，但在5～10年内才可能看到这些新技术带来的突破性效果。

在ImageNet ILSVRC（大规模视觉识别挑战赛）的人工智能测试中，图像识别的错误率已经超过了人类图像对象识别分类的能力，人眼辨别的错误率在5.1%，而微软的系统错误率低至4.94%。谷歌的系统错误率低至4.8%，也获得了超越人眼的对象识别能力。

百度的中英文语音识别正确率超过了人类，对比测试显示，系统的语音识别正确率比从亚马逊Mechanical Turk上招募的人类测试者更高。在中文语音测试中错误率是3.7%，比人类组的错误率4.0%要低。

看起来机器就要超过人类了，但不管是人脸识别、图像分类还是语音识别，机器所能PK人类的也只停留在感知层面，机器还不能理解图像、语音的内涵，不能读懂一个收到礼物后惊喜兴奋的表情，也不能读懂蓝天碧海和金色沙滩带来的愉悦轻松的感受。要怎样才能让机器具有和人一样的智能？也许还是要从大脑的构造中找到答案。现在对大脑的研究还停留在局部区域或微观结构，大脑有很多掌管不同功能的分区，分区间具有反馈通路。人们对构成大脑的基本单元神经元的结构和原理已经很清楚了，但是对构成大脑的数以千亿的神经元如何一起协同工作，在百步内完成任务，还不能说得清楚，也许永远也搞不清楚。

智能思维、智能行为、智能机器人，这是人工智能领域的不懈追求，不管是威胁论还是理智派，变革已经悄然开始，并且无法阻挡。与其踟蹰不前、顾虑重重、担惊受怕，不如拥抱新技术变革，展望新智能时代的生活，与智能机器相伴的未来生活肯定越来越好。AlphaGo的胜利是它背后几十名天才工程师的智慧的凝结，它是全世界最好的人工智能专家开发的强大系统。不要害怕智能机器，他也许比我们有知识，通晓天文地理，比我们记性好，成百上千年的事儿都记得，但一会儿他就没电了。

"那个时候，机器人将怎样对待人类呢？"小涓对未来浮想联翩。

"把人类灭了是不可能的。"我很乐观，"人类既然创造了人工智能，一定也会想到人工智能强大后可能反噬人类，所以一定会在人工智能中加上保护人类的程序。"

图 2-8 展会上的国产战斗机器人 图片来源：作者提供

"机器人三定律？"小涓问，随即摇头，"那是作者为了小说设定的规则，并不严谨。"

"我认为，人工智能还是为人类服务的，这是它诞生的意义，如果偏离这个意义，它就无法发展。归根结底，人工智能的任何进化，都会被我们所用。我们人类，最终会借人工智能，将整体文明提升到新的阶段。"

小涓点头："嗯，你这么说有点意思。说到为我们所用，随着人工智能的进展，工业自动化程度加深了，工业机器人的种类在不断增加，能做的事情也越来越多。机器人不仅仅代替人在高温、高寒以及辐射等极端环境下工作，还将在一般的工厂中取代人类工人。这就是工业革命4.0的前景。"

4.工业革命4.0

一般人们说的工业1.0是指工业的机械化，以蒸汽机为标志，用蒸汽动力驱动机器取代人力，从此手工业从农业分离出来，正式进化为工业。工业2.0是指工业的电气化，以电力的广泛应用为标志，用电力驱动机器取代蒸汽动力，从此零部件生产与产品装配实现分工，工业进入大规模生产时代。工业3.0是指工业的自动化，以PLC（可编程逻辑控制器）和PC的应用为标志，从此机器不但接管了人的大部分体力劳动，同时也接管了一部分脑力劳动，工业生产能力也自此超越了人类的消费能力，人类进入了产能过剩时代。那么工业4.0就是工业的智能化。

历史上看，工业1.0以1780年瓦特改良型蒸汽机投入使用为标志，历时约100年，也就是常说的第一次工业革命；第二次工业革命即工业2.0以1880年电动机的使用为标志，历时近90年；第三次工业革命即工业3.0，以1969年第一个PLC的使用为标志，已历时近半个世纪，这个过程还将继续10～20年。工业4.0，也就是第四次工业革命，将以智能制造为标志，变革正在悄悄开始。

图2-9　第一次工业革命中出现的采用蒸汽机的汽车　图片来源：网络

图2-10　福特T型车装配流水线，世界上第一条生产流水线，这是第二次工业革命带来的生产高效化　图片来源：网络

德国政府由此率先提出"工业4.0"战略，并在2013年4月的汉诺威工业博览会上正式推出，其目的是提高德国工业的竞争力，在新一轮工业革命中占领先机。"工业4.0"概念包含了由集中式控制向分散式增强型控制的基本模式转变，目标是建立一个高度灵活的个性化和数字化的产品与服务的生产模式。在这种模式中，传统的行业界限将消失，并会产生各种新的活动领域和合作形式。创造新价值的过程

图2-11　西门子智能逻辑控制器　图片来源：西门子网站

图2-12　展会上的机器人　图片来源：作者提供

正在发生改变，产业链分工将被重组。

　　"工业4.0"概念强调智能制造为主导，将是第四次工业革命，带动制造业的整体提升，充分整合信息通信技术、网络空间虚拟系统与信息物理系统后，制造业从自动化转型为智能化。

　　信息物理系统就是把物理设备连接到互联网上，让物理设备具有计算、通信、精确控制、远程协调和自我管理的功能，实现虚拟网络世界和现实物理世界的融合。这样的物理设备，能够自我调节和完善。自动化生产中，工人通过电脑程序控制机器，生产过程是单向的。智能化生产则是多向的，工人、机器、产品、原料、物流、用户等与生产、供应和使用有关的各个环节之间，始终保持着双向的信息互换，生产和服务实现最优化组合。

　　由此可见，"工业4.0"项目主要分为两大主题：一是"智能工厂"，重点研究智能化生产系统及过程，以及网络化分布式生产

设施的实现；二是"智能生产"，主要涉及整个企业的生产物流管理、人机互动以及3D技术在工业生产过程中的应用等。

从全球看，全面实现工业4.0，尚需15～20年。这十几年的时间，对我国来说，是难得的机遇和挑战。面对世界产业创新发展的挑战，我国已经就如何与工业4.0衔接做出了前瞻性的设计和现实性的抉择，这就是《中国制造2025》计划，这是我国实施制造强国战略第一个10年的行动纲领。《中国制造2025》可以说是中国版的工业4.0规划。它全面部署了实现我国制造强国目标的路径和举措。我国制造产业的升级换代，结构的优化调整，只有紧盯世界发展的前沿，顺应发展的趋势，才能真正实现中国制造向中国创造转变，中国速度向中国质量转变，中国产品向中国品牌转变。该计划将特别注重吸引中小企业参与，力图使中小企业成为新一代智能化生产技术的使用者和受益者，同时也成为先进工业生产技术的创造者和供应者。

从目前看，我国与世界先进水平相比，制造业仍然大而不强，在自主创新能力、资源利用效率、产业结构水平、信息化程度、质量效益等方面差距明显。如果说，德国是从工业3.0串联到工业4.0，那么，我国是2.0、3.0一起并联到4.0。工业是我国经济的中坚支撑力量，但是传统增长模式已经走不通，创新转型、提质增效已刻不容缓，因此，中国工业4.0智能化改造是中国制造业升级的必由之路。

中国版工业4.0的核心是"工业化+信息化"。按照这个规划，我国将在2025年迈入制造强国行列，2035年我国制造业整体达到世界制造强国阵营中等水平。到新中国成立100年，即2049年时，我制造业大国地位更加巩固，综合实力进入世界制造强国前列。

《中国制造2025》有9项战略任务和重点：一是提高国家制造业创新能力；二是推进信息化与工业化深度融合；三是强化工业基础能力；四是加强质量品牌建设；五是全面推行绿色制造；六是大力

推动重点领域突破发展，聚焦新一代信息技术产业、高档数控机床和机器人、航空航天装备、海洋工程装备及高技术船舶、先进轨道交通装备、节能与新能源汽车、电力装备、农机装备、新材料、生物医药及高性能医疗器械等十大重点领域；七是深入推进制造业结构调整；八是积极发展服务型制造和生产性服务业；九是提高制造业国际化发展水平。

"不过，一旦计算机有了自我意识，它还能是人类的工具吗？它是不是已经变成了另一种生命形态？"我脑海中闪过这样的想法，就说了出来，"你认为呢？"

小涓思考片刻，回答我："有可能。类脑计算机就是沿着

图2-13　秦皇岛的一家自动化水饺生产车间，没有生产工人　图片来源：作者提供

这样的方向进行研究的，它采用模拟大脑神经元运行方式的计算机芯片，模拟真实神经元交流、处理信息的方式，可以高效完成普通芯片难以完成的模式识别等复杂任务，甚至可能具备一定的学习能力。"

"就是说我们有了两种智能，一种是工业化机器人，以更好完成人类的使命为智能发展目的；还有一种类脑机器人，它们智能发展的目的仅仅是发展智能，是为了探索智能发展的边际。"我不由得哆嗦了一下。

"探索智能的边际，还是为了人类的发展。"小涓拍拍我的手，示意我平静下来，"这是人类好奇心的必然，不可阻挡的。"

5.类脑计算机诞生了

1945年，美籍匈牙利科学家冯·诺依曼发表了一篇长达101页的报告《关于EDVAC的报告初稿》，史称"101页报告"。在这份报告

中，冯·诺依曼明确提出了EDVAC的硬件设计规范，指明了计算机的建造方向，向世界宣告电子计算机的时代开始了。

图2-14　冯·诺依曼　图片来源：网络

图2-15　ENIAC是个庞然大物　图片来源：网络

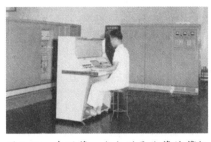

图2-16　我国第一台大型晶体管计算机109乙型机，1965年由中国科学院研制，两年后研制的109丙型机被誉为"两弹一星"的"功勋机"　图片来源：网络

经过70年的演进，计算机体系结构不断发展，计算科学在日新月异的变革中，愈加焕发新的活力和生机，从交叉学科中获取计算机体系结构演进的灵感，脑启发计算预示了未来计算机的建造方向。如果把现代计算机看作是一个伟大的发明，那么类脑计算机，从人脑解剖结构的特征来看，更贴近智能本质。未来，当类脑计算机普及，计算将更强大、更节能、更紧凑也更普及。

从1946年2月14日世界上第一台通用电子数字计算机ENIAC开始，直到当前计算机厂商销售的最新型号计算机，无论是服务器、工作站还是个人计算机，不管是台式机还是笔记本电脑，无一例外采用的都是冯·诺依曼最初设计的计算机体系结构。

冯·诺依曼体系架构计算机中的程序和数据以二进制形式存放在存储器中，除了存储器，计算机还有进行数据处理的运算器，所有程序按照顺序进入运算器，控制程序执行的是控制器，还有负责输入数据和程序、输出处理结果的输入设备和输出设备。

1977年开始，冯·诺依曼体系架构的瓶颈受到关注，人们发现存储读取数据的速度远远低于CPU（中央处理器）的运算速度，作为指令输入的数据无法及时读取到运算部件，就好像一个不停运转的流水线无原料可加工，因此CPU停顿，其实是无事可干、空转白忙。

　　在冯·诺依曼体系架构下，数据的读取制约计算机运算速度的提高，而且随着CPU主频按照摩尔定律的飞涨，这个问题越来越严重。计算机界称它为"存储墙"或"内存墙"问题，形象地表达了计算机性能无法跨越存储这堵高墙的规律。虽然计算机系统结构科学家想尽办法弥补CPU无活可干的损失、提高内存读取数据的效率，但两者的差距巨大，不能从根本上解决问题。究其原因，现代计算机体系架构把负责存储和负责计算的单元分离了，使得存储单元与计算单元之间的数据移动耗时。从大脑的研究结果看，构成大脑单元的神经元既有计算功能，又有存储功能，而且运转十分高效。看来，要想突破计算机的计算速度，必须突破冯·诺依曼体系，从理论上寻找新的计算机原理，类脑计算也许就是这样的一个突破。

　　大脑的结构优势很明显，体积只有一个鞋盒的容量大，却可以挑战超级计算机的运算能力。20世纪90年代，IBM的超级计算机深蓝与国际象棋世界冠军的人机大战，可以说明这一点。而且大脑运算无比节能，不会像开启的计算机一样一直疯狂工作，大脑知道何时休息和怎样休息。对大脑的研究确知，大脑有上千亿个神经元，每个神经元大约有1万个神经连接点，它会接受其他神经元发来的信号，这样神经连接的数量便是一个天文数字。大脑由神经元构成了庞大的神经网络，这个庞大网络有着超强的通信能力，神经元可以发送信号到距离长达1米的其他神经元。神经元传导信号的速度很慢，一个神经元从突触中收集信息、结合起来再输出电脉冲约在5毫秒内完成；与传统计算机信号电压和电流从一个值跳到另一个值不同，神经元信号的电压和电流变化是平稳的。

计算机科技人员基于大脑的这种神经元结构发展了类脑计算的基础，目前的研究方向可以归结为三个。

第一个是在超级计算机上模拟巨大的神经网。2012年瑞士洛桑理工学院蓝脑项目使用IBM的蓝色基因超级计算机模拟的最大神经网络包括100万个神经元与10亿个突触，其规模相当于蜜蜂的大脑，仿真速度是实时速度的1/300。德国海德堡大学基尔霍夫物理研究所BrainScaleS项目目前开发的一种神经拟态系统，能够模拟40万个神经元，运行速度比真实大脑速度快万倍，这意味着消耗的能量也比大脑多万倍。

第二个是采用传统工艺研制神经网络芯片，或者叫硬件神经网络。设计神经元单元，它能够累加输入信号，直到达到某个门限值时才输出信号，向多个模拟神经元产生像外传播的电压尖脉冲；用导线连接神经元，将电压尖脉冲传递给其他模拟神经元；模拟神经元通过数千个连接接收或发送信号，比真实神经元连接简单多了。2014年IBM SyNAPSE项目推出了TrueNorth芯片，包含54亿个晶体管，是传统CPU的4倍以上，是IBM迄今为止制作的最大的一款芯片，产生的效果相当于100万个神经元和2.56亿个突触。它的功耗只有70mW，在晶体管数量相等情况下是传统CPU功耗的1/5000。每一个内核都使用了事件驱动设计，也就是说，它不会一直运行，只有在需要的时候才会启动，这样的设计让芯片更加节能。这样的芯片能够做什么事情呢？它能够实时识别出用以每秒30帧正常速度拍摄视频的人、自行车、公交车、卡车等，准确率达到了80%。相比之下，一台笔记本电脑编程完成同样的任务用时要慢100倍，能耗却是IBM芯片的1万倍。这种认知能力可以解决传感器中处理现实世界的感知问题，通过传感器网络和微型电机网络不断记录和报告数据如温度、压力、波高、声学和海潮等来监测世界范围内的供水状况。它还可以在发生地震的情况下发出海啸警报。

2016年，中科院计算所寒武纪团队提出了深度神经网络处理器架构，采用专门的硬件神经元和硬件突触作为运算器，设计专门的存储结构用于神经网络的高速连接，并设计专门的指令集，目的是让处理器更适合运行深度神经网络。寒武纪–1A商用智能处理器IP产品，可集成至各类终端SoC芯片，每秒可处理160亿个虚拟神经元，每秒峰值运算能力达2万亿虚拟突触，性能比通用处理器高两个数量级，功耗降低了一个数量级。该成果在第三届世界互联网大会上发布为"世界互联网领先科技成果"。

图2-17　寒武纪神经网络芯片，图为2016年11月第三届世界互联网大会世界互联网领先科技成果发布　图片来源：作者提供

第三个是采用新兴的忆阻器来实现神经网络。忆阻器实际上是一个有记忆功能的非线性电阻，它可以记忆流经它的电荷数量，这种特性与突触极为相似，使它成为制造人工大脑，乃至类脑计算机的绝佳材料。2008年惠普实验室制造出了忆阻器原型方案并且投付量产。2012年，德国比勒菲尔德大学托马斯博士及其同事制作出了

一种具有学习能力的忆阻器，这个能学习的纳米元件被内置于比人头发薄600倍的芯片中。

在我国，忆阻器的研究也已悄然开展。2009年，国家科技部启动国际合作项目"忆阻器材料及其原型器件"，经过4年努力，缪向水带领的研发小组成功研发出性能稳定的纳米级忆阻器原型器件。

然而，到目前为止，大脑的工作原理还远远没有被揭开，脑科学的研究方法仍然是依靠监听神经元记录一个神经元，无法对大量神经元进行监测。这就好比想要知道一部高清电影的情节，却只关注一个像素，这是不可能看懂电影的。因此，科学家们有着这样的共识，依靠现在的研究方法，大脑整体的运行机制无法突破。

2013年1月和4月，欧盟和美国分别宣布投入10亿欧元和38亿美元启动大脑研究计划。欧盟的人类大脑计划旨在用巨型计算机模拟整个人类大脑，美国的脑计划则基于先进创新神经技术，着眼于研究大脑活动中的所有神经元，绘制详尽的神经回路图谱，探索神经元、神经回路与大脑功能间的关系，被认为是人类基因组计划中最宏大的研究项目。

2014年，美国科学家在《自然》杂志发表两项相关成果，介绍了哺乳动物大脑中完整的基因表达图谱和神经元联系图谱。此次的图谱有助于研究人类大脑发育和神经回路，从而理解人类的行为和认知过程的健康状态与疾病状态。

类脑计算的目标是实现新一代计算机体系结构，诞生出类脑芯片、类脑计算机。当前在脑模型很不成熟的条件下，计算机科学家唯一能做的是从脑科学研究成果中获得启发，满足特定应用场景的需求，找到解决实际问题的方法。至于彻底颠覆计算机系统结构，还需要等待脑科学的重大突破，找到了大脑高效、紧凑和强大的关键原因。

三　精神改造：人人为我，我为人人

"技术的发展给我们的未来指出无数可能，"我说，"但未来已经在潜移默化地改变我们了。"

"你指的是哪方面？"小涓问。

"很多方面，尤其是移动互联网和智能手机，从精神到行为习惯，全方位地改造，不，不能用改造这个词。塑造，塑造这个词才合适。信息化社会，让我们有了很多新的兴趣爱好，还有，新的精神面貌。"

"比如呢？"小涓对我的说法有了兴趣。

"信息共享成为一种共识，还有，利他主义。"我说，"不仅仅是互帮互助。分享，这是信息时代的特质。只有在丰富信息的土壤上才会培养出的特质。"

1.字幕组

毫无报酬地给外国影视作品配上本国字幕的字幕组，是只有互联网时代才会诞生的事物。它打破的不仅仅是文化之间的屏蔽，还有传统的利己主义行为。字幕组建立了互联网时代的分享精神，并随着每一部影视作品传遍虚拟空间。

在互联网上活跃着一个"神秘组织"，每当有外国大片或者电视剧热播时，这个神秘组织就被动员起来。这个组织的成员通过网络相互联系，分工协作，将影视剧中的台词翻译成我们能看懂的文字，并且用字幕形式压制到影片中。这样，更多人就可以通过网络观看到影视作品，不必担心有语言的障碍。"神秘组织"辛勤工作、运转高效、不计报酬、不求名利。有人称他们为"互联网上的共产主义战士"，也有人说他们是一群"盗版分子"，《纽约时报》则称呼他们为"打破文化屏蔽的人"。没错，他们的官方名字就叫"字幕组"。

字幕组建立了互联网时代的分享精神，并随着每一部影视作品的传播，将分享主义深入人心。

追溯字幕组的诞生过程，是一件很有趣的事情。在互联网兴起以前，我们观看的影视作品基本上都是经过"官方"制作并发布的。无论是国内拍摄的还是从境外引进的影视作品，首先要经过政府相关部门审查批准，然后才能对外发布，在影院或者电视台播放。如果是从境外引进的影视剧，为了便于观众观看，在正式发布前，还要有翻译、配音、配字幕等后期制作环节。

图 3-1　在作品开始出现的幕后制作名单　图片来源：作者提供

无论是到电影院观看电影，还是在家看电视，看到的影视作品内容都是制片方精心制作发布的。我们基本上看不到没有经过任何后期制作，不带配音也没有字幕的影视作品。但是，对于希望看到最新国外影视作品的人来说，时间是个大问题。传统模式下，一部外国影片需经过版权引进、政府审批（不包含影片内容修改、翻译、制作等时间）、公映等若干环节，一部美国大片从引进中国到在影院播放，至少需要几个月乃至更长的时间，想要和美国当地同步观看，简直是天方夜谭。

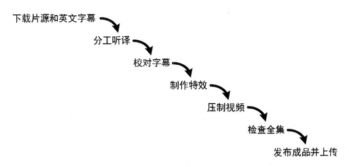

图 3-2　幕后组翻译的工作流程　图片来源：作者提供

　　信息化时代到了，互联网的兴起改变了这一流程。通过互联网，一部电影从纽约传到北京只需要短短几十秒，而且完全避开了传统的生产、制作、交通、物流、报关、进口、审查、批准、放映等环节，时间和效率极大地提高了。基于互联网，我们完全可以实现与国外同步观看最新影视作品的需求，不需要等待漫长的审批流程。

　　但是，这里面存在一个大问题——这些影视作品都是没有经过配音、配字幕的原版电影，除非观众的外语水平特别好，否则就没法欣赏。当你眼睁睁看着熟悉的偶像演的最新精彩大片，却由于语言障碍无法看懂时，你一定会想："要是有哪位神仙哥哥或者神仙姐姐能替我翻译好，打上中文字幕该多好啊！"就在这时，字幕组出现了！

　　他们知道你的需求，理解你迫切的心情，一刻也不敢耽误，刚一下班就立刻赶回家，坐到电脑前，连夜加班加点，争分夺秒地打轴、翻译、校对，把字幕翻译制作好，并免费发布在网络平台上供你使用。而你，只需要轻轻点击鼠标，就能一边悠闲地喝着咖啡，一边享受最新大片了。对，这就是神奇的字幕组！

　　不要有任何怀疑，从事字幕组工作的绝大多数是免费的志愿者，他们都有各自的工作，唯一的共同之处是懂外语。他们通过网络结识，按照约定的分工义务劳动，协调配合，保证在最短的时间内将"生肉"（没有翻译过的影视作品）制作为"熟肉"（翻译好，挂上了字幕的影视作品）。

字幕组成员的分工大致是这样的：首先要有人负责提供片源。片源人员必须能通过某种方式（电视录制、下载或购买）尽可能快地获取到视频文件并尽可能快地分发给所有参与制作的人员。

接着是翻译的工作，根据影视作品中的原文字幕将对话翻译成需要的文字。如果没有原版字幕，那就需要更高语言能力的人员只凭听力翻译出文本。字幕组成员中，翻译人员所占比重最大，一般一个字幕组中80%以上成员都是负责翻译的。而且为了提高效率，加快进度，一位翻译一般只负责一部电影中20%左右的对白。也就是说，一部电影大概需要5位翻译。

翻译工作结束后，字幕组的工作还不能结束，还需要校对。为了纠正错漏以及统一语言风格，通常在翻译人员做出翻译稿之后，由外语水平较高和具备相关影视专业知识的人员来负责校对。比如说，某影片讲述的故事有关医疗事故，那就需要具备医学专业知识的人员来做校对，如果是侦探破案剧，那就需要具备法律专业知识的人员负责把关。

接下来的工作是字幕特效制作。工作人员要负责制作歌词和标识的特殊效果，添加某段字幕或全部字幕的字体出现、消失效果，变更字体颜色，使视频看起来更加美观。

然后就是调校字幕出现的时间以及调校输出视频的时间轴。计时人员需要处理译文和时间的矛盾关系，添加字幕持续时间并将译文调整为适合观看的字幕，有时需要断句和合并句子，并对句子时间点进行准确的把握和判定。

在以上工作的基础上，就可以后期制作了，主要是对时间轴和特效进行整理，并且进行内嵌压制，把文件打包压制成可在电脑上播放的视频文件。

上面这些复杂的工作，全是通过网络联络实现的。大部分时间中，字幕组成员之间并不见面，甚至根本不知道对方的真实姓名、年龄和职业，但在共享精神的号召下，他们精确地、有条不紊地完成了字幕从翻译到制作的一系列工作流程，保证了国内观众在第一时间和国外观众同步观看影视作品。

"字幕组"作为一种互联网时代独有的文化现象，集中体现了互联网的分享与协作精神。进入2000年以后，互联网在中国飞速发展，许多拥有共同爱好和话题的人士开始通过网络结识，并就某一主题进行讨论和分享知识。

2002年开始，美剧《老友记》的爱好者聚集在一起，通过网络建立起美剧字幕的鼻祖"F6论坛"，并衍生出F6字幕组。后来，字幕组内部分工协作，渐渐演化，催生出TLF字幕组、风软字幕组和破烂熊字幕组，还有人人影视、伊甸园、悠悠鸟、圣城家园、飞鸟影苑等字幕组，英语、日语和韩语影视作品是字幕组主要的工作对象。这些字幕组本质上都是具有相同爱好者分享知识、相互协作的交流平台，属于一种相对松散的民间团体，既不具有商业性和营利性，也不带官方色彩。

正因如此，字幕组翻译工作没有任何条条框框，完全忠实于译者自己的内心，翻译的文字往往更加贴近现实生活，也能够更加真实地反映剧情。有时候看似不经意的翻译，可能恰好把握住了剧情和本土文化的最佳结合点，拉近了观众与影视剧之间的距离，受到观众的好评。

2006年，美剧《越狱》席卷中国，无数美剧迷通过网络追看该剧。由于涉及性、暴力、犯罪等敏感内容，该剧并未通过正规渠道引进中国，但却在中国引发了追看美剧的轰动效应，这一现象甚至引起了美国《纽约时报》的关注。该报从文化交流的角度，以《打破文化屏蔽的中国字幕组》为题，首次将目光聚焦到国内风软字幕组带头人的身上，称赞他们"为打破文化壁垒做出了巨大的贡献"，"让美国流行文化尽可能在中国同步传播"。

这时候，"神秘"的字幕组渐渐出现在主流文化的语境里，成为一种社会文化现象。随着网络更加普及，字幕组也有了官方队伍，与普通的语言翻译工作没有太多区别了。目睹字幕组的产生和兴起，可以梳理出字幕组产生、发展的社会条件：

（1）信息网络兴起并广泛应用。网络普及并且网络速度足以支持下载或者在线观看视频，视频加工软件易于掌握。这是字幕组产生的物质技术基础。

（2）文化壁垒在一定空间内广泛存在。由于贸易壁垒和文化管制，影视文化产品难以在不同国家和地域自由流通。也就是说，影视产品的供给方无法通过正常的贸易渠道向需求方销售或提供产品。这是字幕组产生、发展的社会文化基础。

（3）影视产品输入国对网络文化采取"弱管制"措施。这是字幕组产生、发展的政策法律基础。

抛开法律不谈，字幕组本身的行为对文化交流起到了正面作用。不仅仅是中国有字幕组，国外也有字幕组存在，这些"洋"字幕组将中国电视剧、网络小说翻译到国外网站上去，正面宣传了中国文化。

字幕组显示了在网络时代民众自身依靠网络，怎样高效率地组织、加工、制作、传播一种文化产品。字幕组为汹涌的自媒体时代的到来做好了技术和组织铺垫。

2.弹幕

字幕的存在早已经为人熟悉，它是将视频中出现的对话或者旁白用文字方式呈现在视频中。但现在，字幕可不一定就是剧中人的对话，还可能是弹（dàn）幕。

弹幕是一种即时评论方式，它会立刻显现在正播放的视频中，把对影视作品的评论从"看完再说"变成了"进行时"。这些评论从屏幕飘过时，效果看上去像是飞行射击游戏里的子弹，因而被称为"弹幕"。

弹幕成为二次元文化的代表。作为一种即时互动方式，它不仅仅是增加社交性和趣味性，更是信息的双向传递。弹幕的使用者主要集中在16～25岁的年轻人，他们大都有即时分享、不吐不快的需求。事实上，寻找同类、分享观感是弹幕能提供的最重要的用户体验。

为什么喜欢弹幕？有调查表示，喜欢的理由主要有这几种：

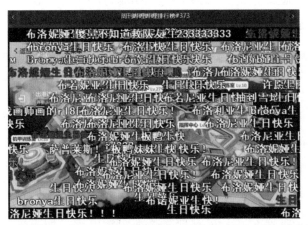

图 3-3 弹幕完全遮盖了画面，成为一种娱乐方式 图片来源：作者提供

（1）弹幕这种简单粗暴的形式能够营造一种很多人陪你看剧的错觉，并且打破了时间与空间的限制，可以理直气壮地辩解说："我才不是一个人在看剧呢！"说到底，两个字，寂寞。

（2）吐槽才是正经事，具体什么内容并不重要。要知道，"我是来吐槽和看别人吐槽的"。评论比内容本身好看。

（3）增加视频的可看性，尤其是无聊的视频，看5分钟想关的时候，突然屏幕跳出一句话"一定要坚持到10分53秒，爆点在那里。"于是就坚持看下去了。

（4）刷存在感。

B站（bilibili）是国内最早引入弹幕的网站。在这个年轻人潮流文化聚集的娱乐社区，弹幕是最重要的互动方式，以此为核心构成了独特的社群文化，构建出一种奇妙的共时性关系，形成虚拟的部落式观影氛围。

B站非常讲究弹幕礼仪，不只是搞笑而已。比如一段视频里废话太多了，弹幕就会说，"请你空降到哪里哪里"；恐怖视频里，弹幕会提醒你"前方高能"。

现在，弹幕已成为各大视频网站的标配，各种视频都可以弹幕。那么文字弹幕行不行？2015年年初，有网站推出可以弹幕阅读的小说APP，读者可以在手机上一边阅读，一边用弹幕发表意见。对读者来说，这确实是一种新颖的互动方式，随时可以对作品进行简短即兴的评价，而不需要看完全篇后再写正经的读后感。

但弹幕这种互动方式有它的局限性。电影弹幕专场就不大受欢迎，显然大部分人更喜欢安静完整地观看电影，而不愿意看到满屏弹幕吐槽。弹幕天然的解构功能，只适合个人在电脑或者手机上进行，而在需要花钱购票去观看的电影大屏幕前，就变成了一种破坏观影体验的恶劣行为。

视频的弹幕其实很像文本的批注。对文本进行批注，并不是什么新鲜事。批注有时候还是重要的文献资料，《红楼梦》的脂砚斋批注版就是研究《红楼梦》不可缺少的资料。但文本的评注，只是为了对文本进行补充完善。弹幕却是以解构文本为目的，本质其实是不折不扣的"恶搞"。弹幕的本质只是一种即时性的互动形式，靠互动增强内容的趣味性，提高读者或观众的参与度。在视频弹幕之外，图文形态的静态弹幕开始被越来越多采用，许多要转网络媒体的传统媒体都会开启弹幕功能。弹幕已成为增强移动端社区参与感的重要方法。

"槽厂"是一款图片弹幕应用，被称为静态版的B站。"槽厂"里不再有一楼二楼，每条吐槽也不再以传统评论的形式线性排列，而是分布在图片的各个槽点。槽厂将评论推到显眼的位置，又是以图片为主。槽厂输出的就是调侃和逗比精神。

"节操精选"和"图解电影"也都是玩图文弹幕的网站。"节操精选"的弹幕可以显示头像，与B站相比，更强调移动端社交的实时性，用户页面滚动所到之处，右上角都会优先弹出在线用户发射的弹幕。

"图解电影"则以"电影截图+评注"形式拥有更强的UGC（User Generated Content）属性，指内容主要由用户创造和提供。这些静态弹幕的内容大都以图片为主，不需要阅读太仔细，看吐槽反而更有意思。在弹幕视频网站上，内容也都偏轻松搞笑，多是有话题性和争议性的题材，并不适宜严肃题材的内容。

"我看视频基本上都会把弹幕功能关掉。"小涓说，"不喜欢满屏幕都被毫无价值的吐槽遮盖了。"

"这是一种互联网时代的大众娱乐方式。在吐槽中找到群体归属感。有时候，也会从吐槽变成导向性评论，深度解析。"我说，

"不过，就像你说的，要想从弹幕中找到深度，就像从鸡蛋里挑出骨头，是极小概率事件。"

小涓点头："弹幕只是分享主观感受。还有一种分享，则是纯粹的分享知识。这就是慕课。"

3.慕课穿越学校围墙

"慕课"是大型开放式网络课程（Massive Open Online Courses，MOOC）的音译名，是新型在线教育模式，为具有超强学习欲望的人们提供了前所未有的学习机会。以"免费、分享、合作"为特点的慕课发展快速，呈席卷之势，它能改善优秀教师大多集中在大城市而偏远地区少，学校大多设置相同课程而独特精品课程少的教育资源分布现状。

在这个"互联网+"的时代，在线教育不断呈现新的面貌，采用互联网技术，实现与传统继续教育相融合，形成了新的行业发展模式。2012年，美国顶尖大学创立了Coursera、edX和Uadacity三大MOOC平台，后来在支持和质疑声中，MOOC不断发展壮大着。慕课学习者通过互联网注册课程，观看讲课视频、获得助教指导、与同学和老师进行讨论互动，在通过课程学习后领取结课证书，这为具有超强学习欲望的人们提供了前所未有的终身学习机会。

MOOC课程不同于在学校读本科或者研究生课程，MOOC上课地点不固定，学习者可以在世界各个地方；MOOC上课时间也可以自由安排，在开课期间可以选择任何时段来学习，可以在休息日、下班后或者安静的办公室午后；MOOC大多是免费的，登录账号注册课程就可以观看授课视频、下载课程课件，这些学习资源只要联网就可以获得，这符合开放共享的互联网精神。

对学习者来说，完全自主选择课程内容，从艺术、社会、人文、商务到计算机、生命、数学、物理，逐层细分的课程分类、结合课程搜索引擎，使得课程选择更加方便。课程的来源也是开放的，打开Coursera平台的经济学课程列表，来自伊利诺伊大学、宾夕法尼亚大学、东京大学、中国台湾大学、欧洲高等商学院的50多种课程都可以选择。

在不断完善和终身教育的背景下，MOOC的学科知识体系逐渐弱化，课程资源充分开放，学习者对课程内容具有最大的自由选择权。随着无线网络、移动终端的普及，智能手机、平板电脑可以下载MOOC平台。学习者只要连接移动互联网就能浏览信息、课程资源、与助教和同学互动，随时随地学习成为可能。互联网使学习具有了更大的灵活性。

结合大数据技术，MOOC系统可以充分了解学习者的学习过程，进行学习分析，通过数据挖掘，系统对学习者的学习需求进行预测。在教育中，除了教学环境、课程信息、学习材料等物的要素，还有教师、学生、助教等人的要素，而且人才是不容忽视的关键环节。MOOC平台受欢迎的原因之一就是注重学习者的需求，同时激发学习者的能动性，真正让技术服务于人，以学生为本。

MOOC平台在课程进行中针对每个学习者提供服务支持，学生可以通过下载视频、文本资源进行线下学习。对曾经打开的视频自动标记，视频中的语速、字幕等也可以自由定制，满足不同学习者的个性化需求。在传统课堂上，学习者听从教师指导，采用整齐划一的步调进行学习，在MOOC平台上，学生则可以采用不同的方式研究学习材料，可能对某个学习内容进行深入探索，也可能从准备材料中获得帮助，这是由学生的知识背景、技能水平和学习兴趣决定的个性化学习过程和学习方法。

MOOC学习是大规模开放网络课程，吸引来自世界各地的学习者。参加同一门课程的学习者，凭着对课程的喜爱，自动组成了学习社区，并在学习过程中相互交流、互帮互助，建立起以课堂为点的全球交流网络。身处异地的学习者不再孤立，来自世界各地的同学们通过公开讨论发表学习心得体会。学习者表达各自的观点和意见，自由地交换想法，通过讨论弥补个人思维的局限，得到对课程内容的正确一致理解，表现出群体智慧，发挥出集体思维的威力。

MOOC平台有在线答疑功能，学生提问题，助教解答问题，同时其他同学也可以作答。开放的交流平台保证了信息高效透明的传递，这与传统课程初期，学生交流少、问题得不到及时解决的情况不同。通过使用社交软件，学生还可以组织小组交流群，甚至进行线下面对面的交流。通过学习者互动，参与者的知识进行了分享，并产生了深层次的共鸣，不知不觉中形成了运转高效的自组织网络，产生了高度融合的学习互动效果。

MOOC系统具有以上的明显优势，但并非完美，也存在不少问题，引发了人们对这种新兴教育模式的思考：学习内容多，中文课程少；课程设置多，自成体系少；视频学习多，互动课件少；学生交流多，支持服务少；辍学学生多，质量保证少。传统教育难以解决教师资源不足，不能因材施教的局限，在MOOC学习中仍然无法突破。教师面对来自全世界更大规模的学生，更难给予学习者个别的关注。在网络学习中，缺少教师与学生、学生之间的面对面交流，难以建立感情沟通，教师只能言传无法身教，对学生非智力因素的培养存在欠缺。因此，有教育学者认为，MOOC这样的网络教学形式，只能作为传统课堂教学的补充而非替代品。

还有一个问题，MOOC视频是单向传递知识，缺乏主动性，而且视频内容更新较慢。像Coursera这样的知名平台的课程由世界很多顶尖大学提供，无法避免学习者在搜索课程、观看视频过程中会遇到语言障碍，虽然有很多志愿者进行中文字幕翻译，但与浩瀚的资源相比，这些志愿者还是太少了。

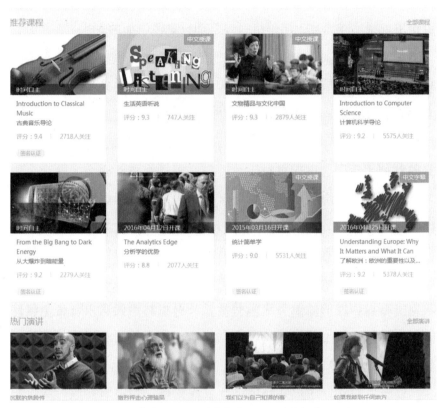

图 3-4 中文 MOOC 平台上的课程 图片来源：网站

"我注册了 Coursera 平台用户后，第二天就收到了来自学生帮助中心的邮件，为我推荐课程，内容包括推荐课程信息和由系列课程构成的专项课程信息。其中专项课程包含 Washington 大学的机器学习、Wesleyan 大学的数据分析与解译等四项课程，都是和人工智能、数据挖掘相关领域的初、中、高级课程。打开邮件中的链接，就能查看到专项课程的开课时间，每个课程班次信息和概述，每周课程阅读材料、视频等，还可以获取课程来源、课程评论、视频字幕语言和时长、授课教师介绍、授课大纲、是否提供证书等信息。

MOOC平台设置了搜索引擎，能帮助学习者快速定位感兴趣课程，搜索关键词记录了学习者的搜索方向。"小涓回忆，总结道："这是一种不错的信息分享。但还有一种信息分享，对整个信息社会起决定作用。相比较而言，字幕组、弹幕都只是浅层面的表达。"

"深层次的信息分享？"我微微皱眉，问："那是什么？"

"源代码开放。"小涓意味深长地说，"这种共享激励着无数人创造新的软件，新的通往未来的路径。"

4.源代码开放

源代码开放指的是一种软件发布模式。一般来说，只有软件的作者或著作权所有者等拥有程序的原始码。但在开放源代码许可证下发布的软件，软件的用户可以自由使用和接触源代码，这样就可以自己修改、复制以及再分发这个软件。这样的方式，软件程序员既要将编写软件的经验与众人共享，又要坦然接受众人对这个软件的不同意见，甚至是修改。因此，建立一种新的共享互利的精神，是源代码开放的关键。

程序员和软件用户共同促进开放源代码，最终演变成一场声势浩大影响深远的软件运动，主要目的是注重程序本身的质量提升，而不是将软件禁锢起来限制使用。但开放源代码也有一些要求。一个是必须保证原创作者程序原始码的完整性：修改后的软件版本，需以不同的版本号与原始的代码做出分别，保障原始的代码完整性。另一个重要的要求是不得对任何人或团体有差别待遇，开放源代码软件不得对性别、团体、国家、族群等设定限制。

最著名的开源软件就是Linux和Unix这两个操作系统，正因为Linux和Unix的开放源代码，所以全世界的程序员都可以对它不断完善，成了目前相对来说最安全的操作系统。

开源代码在互联网上获得广泛使用，参加者需要大量更新电脑源代码。由于开源模式，可以在同时间内用相同方法来生产，这样既提高了生产效率，又适合标准的统一应用。开放源代码使得生产模块、通信管道、交互社区获得了改善。

第一个采用开源代码软件开放模式的软件协作计划，也是最有代表性的开源软件，是大名鼎鼎的操作系统Linux。

1991年，芬兰赫尔辛基大学的学生李纳斯·托沃兹（Linus Torvalds）基于Unix的衍生版本Minix开发了一个新的操作系统，并称为Linux。托沃兹采取GNU通用公共许可证（它为开放源代码软件提供了很好的法律定义）发布了0.02版本的Linux。全球各地的用户纷纷闻讯而来，下载并开始使用Linux。其中，许多用户是独立的程序员，他们对托沃兹提供的源代码进行了修改。在接下来的3年中，托沃兹从其他程序员那里收到了这些修改后的版本，并将许多改动结合到基础版本中，在1994年发布了Linux的1.0版。

图3-5　Linux的图标，它成为源代码开放的旗帜

那些想要使用开放源代码软件的最终用户的共同顾虑，是这些软件缺乏质量担保和技术支持。因为该软件的许可证鼓励修改和定制，所以几乎无法提供支持。这正是1994年成立的Red Hat Software创建"Official Red Hat Linux"并销售这一通常是"免费"的软件的原因。Red Hat向软件包添加的主要价值是质量担保和技术支持。对于大多数企业而言，技术支持承诺成为促使其购买Linux而不是免费下载它的一个关键因素。除了Red Hat以外，还有其他几家公司将Linux打包（通常带有其他软件）转售。

一个开源软件可能有数百个公司数千个开发人员共同维护，

他们共同组成了这个开放源软件的网上社区，以便更好地运用这个软件。

同传统的封闭源代码软件相比，开放源代码的软件的优势非常明显。首先它不存在版权问题。用户无须支付软件使用费用，便可授权使用，这极大地降低了解决方案的成本。

其次是更加安全和稳定。由于软件开放了软件源代码，可以得到全世界众多同行的审查，因此更容易具备类似Linux的安全性和稳定性。

开源代码后，软件有了更多的用户，因此有着更强的生命力，不会由于某个具体公司的倒闭而结束。

开源软件由于上述的优点，受到用户和开发者的欢迎。2011年，面向开源及私有软件项目的托管平台GitHub上有200万个代码仓库，而现在则达到了2900万个。平台创建第一批百万个仓库用了4年时间，从第9个百万到第10个百万只用了48天，软件数量之多推出速度之快令人吃惊。

GitHub对托管在自己平台上的项目并没有采取任何许可约束，在这里，软件被默认就是开放的。程序员允许人们查看他设计的程序代码，并拉取它们的分支，除此之外的所有东西都只受版权的约束。这样的策略使更多人愿意在GitHub上使用开源软件，忘记许可协议的存在。

"开源"已经变成了主流的科技名词。"开源"意味着"开放信息"、共享和互利，这正是信息时代的精神和信仰。开源也促进更多人学习编程。虽然开源软件没有金钱的回馈，还要在维护这些项目上花费很多时间。很多使用者也仅仅只是愉快地享用，不能对软件本身提出什么修正意见。但仍然有很多人愿意加入开发者的队伍，做一些利于他人的哪怕是微小的工作。

四　深度控制：我知道去年夏天你去了哪里

"你刚才说到大数据的时候，提到信息分析的重要性。"我对小涓说，"在后信息时代，一定有很多职业与信息相关。信息是一个巨大的产业体系。"

"当然，信息采集师和信息分析师必不可少。其他和信息有关的职业正在形成中。你要知道，对信息本身，人们总是贪得无厌。"小涓回答我。

"没有办法，人人都爱八卦，人人都希望自己消息灵通，知道得越多越好。"我说，"其实信息多了也是负担。所以信息的挖掘和整理就特别重要。"

1.大数据时代的新工种

大数据是一种信息资产。麦肯锡全球研究所给出的定义是：一种规模大到在获取、存储、管理、分析方面大大超出了传统数据库软件工具能力范围的数据集合，具有海量的数据规模、快速的数据流转、多样的数据类型和价值密度低四大特征。

阿里巴巴创办人马云曾指出，未来的时代将不是IT时代，而是DT（Data Technology，数据科技）时代。大数据技术的战略意义不在于掌握庞大的数据信息，而在于对这些含有意义的数据进行专业化处理。

可以把数据比喻为蕴藏能量的煤矿。煤炭，按照性质有焦煤、无烟煤、肥煤、贫煤等分类，而露天煤矿、深山煤矿的挖掘成本又不一样。与此类似，大数据并不在于"大"，而在于"有用"。价值含量、挖掘成本比数量更为重要。对于很多行业而言，如何利用这些大规模数据是赢得竞争的关键。

大数据的价值体现在以下几个方面：对大量消费者提供产品或

服务的企业，可以利用大数据进行精准营销；做小而美模式的中小微企业，可以利用大数据做服务转型；面临互联网压力之下必须转型的传统企业，需要与时俱进充分利用大数据的价值。

要让大数据有用起来，需要把一连串的技术、人和流程糅合起来；需要捕捉数据、存储数据、清洗数据、查询数据、分析数据，并对数据进行可视化。这些工作一部分可以由产品来完成，而有的则需要人来做，一切都需要无缝集成起来。

云处理技术方面的人才必不可少。云处理为大数据提供了弹性可拓展的基础设备，是产生大数据的平台之一。自2013年开始，大数据技术已开始和云计算技术紧密结合，预计未来两者关系将更为密切。

大数据需要数据挖掘、机器学习和人工智能等相关技术。这些技术的发展可能会改变数据世界里的很多算法和基础理论。数据挖掘师，这是对大数据进行深度整理和分析的重要工作。数据挖掘通常与计算机科学有关，并通过统计、在线分析处理、情报检索、机器学习、专家系统（依靠过去的经验法则）和模式识别等诸多方法来实现目标。数据挖掘工程师可以达到30万左右的年收入；还有数据运营师，把得到的有用的数据信息变成企业的利润。

数据科学已成为一门专门的学科，被越来越多的人所认知。2016年2月，教育部公布新增"数据科学与大数据技术"本科专业，首批北京大学、对外经济贸易大学和中南大学获批。未来各大高校将设立专门的数据科学类专业，培养熟练掌握数据采集、数据分析工具，具备实用数据分析能力和初步数据建模能力的人才。

然而，就像硬币存在着两面，凡事有利就有弊。大数据使数据信息更集中，也就造成了数据大规模泄露的可能性。在未来，每个企业都可能会面临数据攻击的威胁，无论他们是否已经做好安全防范。企业需要从新的角度来确保自身以及客户数据，所有数据在创建之初便需要获得安全保障，而并非在数据保存的最后环节，仅仅加强后者的安全措施已被证明于事无补。

2016年发生了多起引人注目的数据泄露事件，比如美国民主党全国委员会的电子邮件服务器被攻陷、雅虎10亿用户的数据被黑、美国司法部3万名DHS和FBI职员的数据失窃、美国国税局有70万名纳税人的记录泄露等。网络空间安全的威胁与日俱增，极大地推动了信息安全领域的蓬勃发展。单单是信息安全领域就产生了很多新职位。比如：首席信息安全官（CISO），职责为监督企业的IT安全部门和其他相关人员的日常工作，组建并管理由IT安全专家组成的团队；安全工程师，职责是建立公司的IT安全方案，维护计算机网络安全基础设施；计算机鉴定专家，职责为分析从计算机、网络和其他数据存储设备上抓取的证据，以调查计算机犯罪事件；恶意软件分析师，职责为帮助公司理解、处理病毒、蠕虫、自运行木马、传统木马，以及其他日常可能危害公司网络的恶意软件。

"一切都信息化了。人类的生存和发展方式都在逐渐改变。"我说，"我们控制的信息越多，越会在未来占据优势。"

"古人早就说过，知己知彼者，百战不殆。要了解自己和对手，就是今天所说的掌控信息。"

"但是，"我想到一个重要的问题，"如果是公共信息，谁都可以了解，当然没问题。但如果是个人信息呢？"

2.我知道你所有的秘密

现实生活中，银行、商场、路口等公共场合都安装了摄像头。只要路过，我们的行动就被摄像头记录、收集，并作为数据采集入数据库。网络世界里，我们去过的网站、购买过的物品也都会被记录下来。不知不觉中，我们的生活就被一条条数据记录下来，成为政府或者大公司大数据库中的一部分。那么，这些数据库的掌握者，会不会泄露我们的数据信息？谁来保证我们的隐私和权益？

个人信息可能在任何情况下被泄露：去健康体检，体检中心的数据库可能会被黑客攻击，数据被黑客拷贝拿走。这里的数据包括每一位体检者的姓名、身份证、联系电话以及各项身体指标。发个快递，快递公司的快递单据可能会被泄露，快递者的个人姓名、电话、住址，以及购买的物品这些信息变成公开；去招聘网站投简历，就有某招聘网站因为网站漏洞泄露了几十万份应聘者的简历；甚至孕妇生产，在医院的婴儿信息都可能被泄露，婴儿的性别、健康状况、父母姓名、住址、电话都成为数据信息源。

这些单一来源的数据如果汇集在一起，比对筛选后，就能搭建个人信息数据中心，对一个人有全面的描述，比如这个人的基本信息（姓名、电话、住址等），身体状况（身高、体重、疾病史等），经济状况（购物历史、职业发展）等。这些信息有什么用呢？短信欺诈团伙可以针对性地发送欺骗信息，由于他们对被诈骗者的了解，让对方更容易相信他们的谎言，掉进他们的圈套。保险公司可以更详细地了解客户，以降低投保风险，防止投保人隐匿掉重要的信息。还有房地产销售人员，通过这个库就可以了解到客户的个人经济情况，是否会有购房的需求。

这是我们日常生活中可能遇到的数据信息泄露。智能手机更让我们无处藏身。手机上有定位功能，我们的地址和位置，随时都可以查到。

由于很多场合需使用身份证，我们也留下了一条行为的轨迹："身份证大轨迹"。在数据黑市中，一份包括了旅馆住宿记录、常住人口记录、暂住人口记录和网吧上网记录、乘坐火车记录、航班记录、银行开户核查记录、驾驶证记录、驾驶证违章记录、登记记录等的"身份证大轨迹"竟然只售700元。

数据信息的买卖已经成为一条黑色产业链。《2016年机动车年度互联网安全威胁报告》指出，互联网数据黑市中专职于网络诈骗的黑色产业大军高达160万人，在黑市中流通的用户资料则高达6亿条。行业内测算，每年我国因"黑产"造成的经济损失近千亿元。而截至2016年6月，我国网民规模达到了7.1亿，人均每周上网时长达到26.5小时，网络已经深入进国民生活，个人隐私的保护成为大问题。

物联网的推进，在方便我们生活的同时，也会对我们的个人隐私有更深刻的轨迹记录。如何保证这种记录不被不法分子利用，就成为物联网设计和管理者的重要考虑。

要知道，数据搜集与再识别化技术，使很多价值密度低的数据更易被赋予"可识别性"特征。商业机构通过有效组合和集成互联网用户的消费信息、网页搜集信息、社交网络上的个人信息、智能手机的位置信息，以及智能电表使用信息等，可以快速了解到某特定自然人的全部面貌。

以智能电表为例：个人生活用电时，每种电器在工作和通电情况下的负荷特征是不同的，智能电表能持续记录这些特征，并收集和存储。对这些用电数据进行分析，就可以知道个人在某一时间段所打开的电器以及进行的活动，进而可以利用长期积累的数据推测他的生活习惯，如作息时间、身体好坏、饮食特点等。

智能电表如果泄露这些信息，可能还不会给用户带来实质性的伤害；如果智能汽车也泄露了用户的用车信息，后果就可能会很严重了。

黑客对于汽车的破解不仅仅是打开车门、把车开走这么简单。此前有报道称，有安全专家曾现场演示特斯拉应用程序的系统漏洞，利用电脑展示了对特斯拉远程开锁、鸣笛、闪灯、开启天窗等操作。在国外，两位专业黑客曾轻而易举地攻克一些智能汽车的核心操作系统，随意篡改刹车、加速，以及转向等指令。过去电脑中毒可能耽误工作，手机中毒可能上传隐私照片，但当手机和支付系统连在一起的时候，被控制的威胁就大得多。未来的智能汽车和手机一样，要和云端通信。如果黑客攻破了这辆汽车的操作系统，就能成功实现对汽车的控制。

在后信息时代，加强个人信息的保护以及大数据、信息系统安全保护工作更加重要，这不仅需要国家加强监管力度，还需要个人提高信息安全意识，尽量避免个人信息泄露，同时，提升系统安全防范技术，确保信息系统的安全。

"大数据分析并不能取代一切。在2016年美国总统竞选上，大数据对民意调查结果的分析是希拉里·克林顿获胜，结果却是唐纳德·特朗普取胜。"我说，"大数据也没有那么神奇。"

"大数据本身不能代表理性思考，它仅仅是对海量数据的一种分析，还有更多其他方式的分析存在。"小涓回答，"其实，我们需要认识到大数据是一个系统工程，是一系列的参与者包括终端设备提供商、网络服务提供商、数据服务提供商等，共同构建的复杂系统。"

"不错，只有这个系统健全，才能有好的大数据应用。"我说，"比如，私人定制。"

3.私人定制的未来

私人定制是非常个性化和隐私化的事情，似乎和大数据没有关系。但是，事实却恰好相反，要想给私人提供不同凡响的定制产品，就需要有大数据的深度参与，注重大数据的信息多样性，以保证精准到个体需求的工业化生产。

以造鞋为例，我国是世界上最大的鞋类生产区，年产近150亿双鞋，位居第一，每年有近百亿双鞋销往世界各地。然而，大部分鞋厂毛利不高，有的卖出一双鞋的利润不过几块钱甚至几毛钱。许多鞋厂还是劳动密集型大户。因为鞋业没有制定标准化，所以生产必须依赖人工以及传统工艺技术。这使得制鞋的人工成本居高不下，很难实现自动化生产。

引入大数据概念，就是在掌握人类脚型数据的积累上，对脚型大数据进行标准化分析和分类应用，以达到自动化生产的目的。因此，从业者有规模有计划地搜集世界各地的标准化脚型大数据，并以此推动制鞋产业的鞋楦标准化和标准鞋材的配套，采用数字化和本土模具注塑技术，将鞋类重要部件生产自动化，以此推动整条流水线和不同厂区的整体自动化和效率提升。鞋业自动化能比传统工艺节省2/3的人工成本，让鞋业从人力密集型向自动化智能化发展。

在东莞的一家制衣厂，启用一套服装定制系统，可以像拼图游戏一样将领子、袖子、纽扣聚在一起，形成一件衬衫的3D成衣模型。在3D模型上还可以修改参数，系统通过逻辑运算，再次生成不同身型的成衣。

对于更大量级的制衣企业，计算量级也成倍发展。青岛"红领"就实现了西服正装的大规模个性化定制，积累200万名顾客的版型，有超过100万亿种以上款式组合。

大数据将本来小众、小型生产的私人定制，推到更大范围中去。服装厂家还研发智能远程拍照量体技术，用户只需手机拍摄正、侧两面全身平面照片，通过三维人体建模系统，即可精准获得人体18个部位的22个尺寸。尺寸通过网络同步传送到工厂后，工厂比对数据库中的模板，根据用户的具体需求、修改细节、单件单裁，快速进行加工制造，30分钟内完成成衣生产；再通过物流配送快速到用户手中。用户信息与反馈意见保存到数据库中。用户再次定制服装时，无须测量，从数据库中直接调出数据来使用。整个过程快捷高效，提高了用户的满意度。

3D打印技术发展起来后，结合大数据，将为私人定制提供更多的想象空间。3D打印技术能迅速将设计创意转变为实物，快速制作产品或零部件原型，并进行匹配度、功能性测试，缩短研发周期，加速产品上市时间；或者干脆直接制造最终产品。比如，兰博基尼利用3D打印系统，在20天内就设计、构建并组装出新款Aventador的1/6比例原型，包括车身、底盘和零件，总成本3000美元，相比传统的制造方式节省高达92%的开支。

在医学方面，2016年，一位81岁的女性患者成功进行了3D打印人工全膝关节置换术。这是完全为患者定制的手术。手术前医生对患者的骨骼数据进行收集，通过3D扫描技术，利用高分子树脂材料打印成1∶1的模型，让医生"直观"患者患处的复杂情况。因为患者的个人情况不同，每个患者在手术前都将拥有"私人定制"的关节模型。这些关节满足患者对功能和美学的要求，同时具有定位准确、连接稳定、强度高等优点。手术中精确定位截骨，不用打开股骨髓腔定位，减少手术创伤，手术中出血量明显减少；手术操作更便捷，安装假体与膝关节更匹配，节省手术时间。

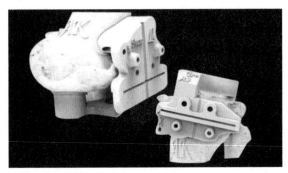

图4-1　3D打印制造的人工全膝关节　图片来源：网络

3D打印技术与医学影像建模、仿真技术结合之后，不仅仅可以制造骨关节，还可以制造假牙和假肢、人工组织器官等与患者完全匹配的仿真器官。在进行复杂的手术，比如切除骨肿瘤时，还可直接打印出植入患者体内的骨骼假体，重建肿瘤切除后骨缺损部位。而且，3D打印可以使医生更直观地了解患者解剖结构，对将要做的手术做到心中有数。

3D打印将给无数患者带来福音，尤其是器官移植，用自体细胞培养做打印材料，打印自己的器官，可能不会有患者在等待供体的漫长煎熬中死去，也不会有患者会在移植后产生排异反应。目前，3D打印血管的技术已获成功，打印出人体器官的日子也不会遥远的。

由于3D打印具有低成本、定制化的优势，航空工业、生物医学和个人消费是其最具潜力的应用领域。"十三五"期间，我国3D打印将率先在航空工业领域获得广泛应用。我国是世界上第二个掌握飞机钛合金结构件激光快速成型及技术的国家、世界上唯一掌握激光成形钛合金大型主承力构件制造且付诸实用的国家，航空部门和汽车制造等工业领域是这类3D打印技术最能发挥优势的领域，未来几年其应用将步入快速成长期。

不过，还要警惕，3D打印的技术优势使得假冒、仿造变得更加容易，需要在知识产权等方面提前做好应对，防止3D打印技术一旦泛滥带来的社会问题。

"现在，不仅是人类，连地球的一切也都被记录了下来。因为航天遥感影像已经进入了亚米级高分时代。自主卫星的应用前景广阔，0.5分辨率的卫星影像数据会渗透到各个应用领域。"小涓说。

图4-2 北京海洋馆手绘动物3D打印 图片来源：作者提供

4.空间信息应用量大面广

"当首次看到长光公司发布的吉林一号卫星拍摄的动态视频画面时，我惊呆了！"小涓说。"遥感图像竟然动了起来。在墨西哥杜兰戈一条公路上，车子在快速的移动，仿佛上帝之眼在600公里的高空俯瞰这个城市。"2015年10月7日吉林一号卫星成功发射，它创造了中国遥感多个第一，传回了国内第一幅夜视卫星图像数据，第一个视频影像数据。在长光卫星公司官网上观看吉林一号灵巧视频星拍摄的4K极清彩色视频，感受从太空俯瞰大地的动人景色，看飞机在机场跑道滑行、爬升、远离视野，看水下航行器在平静海面划开剪刀状航迹，看汽车在公路飞驰、图形识别技术快速辨别出车型。小涓不由得感叹这场太空视觉盛宴真的太美妙了！

2015年公布的《中国制造2025》提出，加快推进国家民用空间基础设施建设，发展新型卫星等空间平台与有效载荷、空天地宽带互联网系统，形成长期持续稳定的卫星遥感、通信、导航等空间信息服务能力。人们说卫星遥感已进入2.0时代，传统卫星研制正向大容量、长寿命、系列化、通用化趋势发展，初创的遥感卫星企业诞生，低成本遥感卫星产业链逐步完整，商业模式趋向成熟。这一切意味着空间信息将越来越容易获得和应用。

2015年10月30日，中国商业航天高峰论坛上公布消息，中国航天科技集团公司作为我国卫星、载人飞船、空间站等航天器研制的龙头单位，累计研制发射了通信、导航、遥感、科学等各类卫星215颗，在轨稳定运行122颗，占市场份额85%以上。成立于2014年12月1日的长光卫星公司，未来有更多的卫星列入发射计划，2020年前要有60颗星，2030年前要打138颗星。

随着航天器数量的增多、卫星下传数据也迅猛增长，高质量的遥感数据是各种行业领域的数据应用服务的基础，经过几代人努力奋斗的航天科技发展成果将渗透到传统领域和普通大众的生活中。在测绘、规划、国土、国防等多个领域，空间信息从数据匮乏到数据丰富，必然将行业应用推向深入。

在农业生产方面，高光谱遥感在植被研究中应用广泛，通过测量植物叶子的化学成分变化，农民可以获得其农田的长势征兆，制订出行动计划，然后在车载导航和电子地图指引下，实施农田作业，及时预防病虫害，把杀虫剂、化肥和水用到必须用的地方。

在水利建设方面，通过对地形地貌的测量数据，可以虚拟大型水库建成后，库区周围和上下游的环境变化，一方面对水库修建提供决策依据，同时对水库修建后可能出现的问题有比较清楚地了解，从而制定相应对策。

在城市管理方面，用虚拟现实技术，将三维地面模型、正射投影图像和城市街道、建筑物，以及市政设施的三维立体模型融合在一起，能够很直观地再现生动逼真的城市街道景观，为城建规划、社区服务、物业管理、消防安全、旅游交通等提供可视化空间地理信息服务。

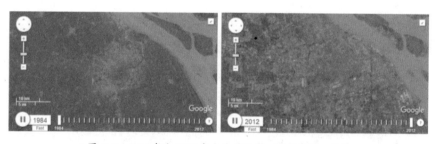

图 4-3　1984 年和 2012 年上海对比图　图片来源：谷歌

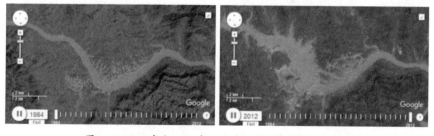

图 4-4　1984 年和 2012 年三峡对比图　图片来源：谷歌

在地理测绘方面，我国已建成国家1：100万和1：25万数字化地图数据库，这是国家法定的空间数据框架，它包括数字正射投影影像、数字高程模型、道路交通、水系、行政区划、土地覆盖等空间基础数据。它们的获取、处理和管理都是测绘工作的业务范围，也是当代测绘的发展方向。

对于国防更是具有重要意义，利用遥感数据可以建立服务于战略、战术和战役的各种军事地理信息系统，通过获取军事目标的地理位置等各种信息，从而掌握战场主动权。

未来，遥感信息获取更加便捷，数据信息量大、成本降低、时效性增强，使得大众化应用服务成为可能。遥感产业将不再仅围绕于政府部门的数据服务模式，个性化、大众化的，与移动互联网连接的定制服务将成为发展方向。

现在，在空间信息的应用中，电子地图就已经很受欢迎。电子地图技术是集地理信息系统技术、数字制图技术、多媒体技术和虚拟现实技术等多项现代技术为一体的综合技术。电子地图是一种以可视化的数字地图为背景，用文本、照片、图表、声音、动画、视频等多媒体为表现手段，展示城市、企业、旅游景点等区域的综合面貌。

百度地图就是一款受欢迎的地图搜索应用，安装在手机中，借助手机位置服务，可以用它带你去任何地方，不管是步行、公交、地铁还是自驾，它都能规划出最优的路线。实时路况显示、公交到站预报、违章拍照提醒，使得出行更加方便。三维地图显示和实景显示，增加了真实感，仿佛身临其境，再不会辨不清东西南北。还能用它在附近搜索加油站、餐馆、电影院、银行等，比如查看餐馆的位置、网友评价、团购活动、推荐菜，下外卖订单。

这个应用把人们生活的很多方面都集成到了一起。现在出行，习惯了先打开地图搜索路线，因为软件会躲避拥堵路段，规划出一条最快路线。老司机虽对路面情况熟悉，但通常也不能确定走哪条路车更少，道路实时路况和路线规划算法引导驾驶员躲避高峰路段，使交通流量趋向平稳。

随着对信息越来越多的需求，人们以真实地理数据为基础，对这个现实世界的信息进行数字化和虚拟化，综合遥感、地理信息系统、全球定位系统、仿真与虚拟现实技术，空间信息与自然资源、社会资源有机的集成，创造了地图搜索等服务模式。未来，如何利用遥感数据仍是一个问题，从海量的卫星获取数据中提取信息，对遥感大数据进行智能分析，仍需要很多努力。

[延展阅读]

奋进的中国遥感事业

20世纪70年代初，我国遥感技术发展起步，1975年在原国防科工委钱学森副主任主持下召开的全国第一次遥感规划筹备会是我国对地观测技术发展的一个历史性事件。遥感作为国家重点发展项目，列入"六五""九五"国家科技攻关重大项目之一。从1975年11月26日我国成功发射第一颗返回式卫星"尖兵一号"卫星开始到1987年，采用返回式卫星技术我国成功进行了9次卫星发射与回收，我国第一代返回式照相普查卫星初步解决了国家急需的卫星遥感信息源问题，中国遥感取得了从无到有的开创性成果。

经过40年的发展，我国已形成了遥感、气象、资源、海洋等遥感卫星系列，拥有了从模拟胶片摄影遥感到固态数字成像、多光谱到高光谱，主被动微波等全面的遥感技术体系，在航空、航天平台上实现了遥感对地观测。2010年启动的高分专项，计划到2020年建成我国自主的陆地、大气和海洋观测系统。2013年4月、2014年8月、2015年12月、2016年8月，高分一号、二号、四号和三号卫星相继发射并投入使用。

高分一号是光学卫星，全色分辨率是2米，多光谱分辨率是8米，宽幅多光谱相机幅宽达800千米。高分二号的全色和多光谱分辨率达到1米和4米，提高了一倍。不同于太阳同步轨道，高分四号为地球同步轨道上的光学卫星，全色分辨率为50米。2016年8月10日6时55分，高分三号卫星在太原卫星发射中心成功发射。中国科学院电子学研究所作为SAR载荷分系统的研制单位，成功研制了卫星使用的我国第一部星载C波段合成孔径雷达，其最高分辨率达到1米，具有12种不同的成像模式，也是我国第一部具备多极化成像能力的星载SAR雷达。获取的多极化图像将在未来海洋监测、国土资源调查、防灾减灾等领域发挥重要作用。后续发射的高分系列卫星还有五号、六号、七号。

图4-5　高分三号陕西省西安地区火车站图像，数据获取时间：2016-08-14 22:50:50 波段：C 极化方式：HH,HV 轨道：降轨 视角：24.68 度 成像模式：精细条带（FSI）标称分辨率：5.0m×5.0m　图片来源：中国科学院电子学研究所

随着我国高分二号卫星进入预定轨道，我国遥感卫星进入了亚米级高分时代，卫星从600多千米的太空向地面观测，在影像上能识

别两个相邻地物的最小距离达1米，意味着能看见1米大小物体的轮廓，分辨出地面汽车的大小。

资源三号测绘卫星在空间分辨率、几何定位精度、影像辐射质量等方面已达到国外同类商用卫星水平，影像全球有效覆盖范围已达8100多万平方千米，各大洲均有覆盖，亚洲、大洋洲和南美洲有效覆盖达62%，其中东亚、中亚接近全覆盖。资源三号卫星影像已应用到全球30多个国家，在澳大利亚海洋带生态环境监测、岩气资源监测、植物监测，巴西森林火灾监测、土地监测、数字湄公河建设等领域发挥了重要作用，并在非洲多个国家开展了资源三号卫星影像云服务平台节点建设与区域合作，同时与英国、德国、澳大利亚、墨西哥等国家的遥感服务商建立了初步合作关系。

相比民用高分卫星，军用侦察卫星性能更高，我国遥感系列卫星已经发射了30多颗，构成了我国独立的天基侦察网络，与美国NROL侦察卫星家族差距在缩短，整体实力仅次于美国。外媒称2012年发射的遥感十四号光学卫星分辨率可能提高到0.45米左右。在2008年汶川大地震时，国家减灾中心曾公布过遥感一号、二号卫星拍摄的灾区图像。

建成于1986年的中国遥感卫星地面站，是我国对地观测领域的民用多种遥感卫星数据接收和处理的国家级核心基础设施。2007年陆地观测卫星数据全国接收站网工程项目启动，在北京密云、新疆喀什、海南三亚和北京唐家岭四地开展站网系统与配套设施工程建设，2008年到2010年，新建喀什站、改扩建密云站和新建三亚站相继投入试运行。2016年昆明卫星接收站部署完成，位于瑞典基律纳航天中心的北极接收站也投入运行。目前，中国遥感卫星地面站具备覆盖我国全部领土和亚洲70%陆地区域的卫星数据实时接收能力，具有资源、高分、科学等系列国产新型卫星的数据接收、记录、传输、运行管理能力。

五、利益相关：虚拟信息的发财之路

"估计未来5年内有100亿～200亿个智能设备连接互联网。"小涓说，"这些智能设备不知疲倦，无时无刻不在工作——记录和产生数据。"

"我们将变成透明人，干什么、需要什么、缺少什么，互联网都知道。"我皱眉头，"那时候，我将不仅仅是收到房地产公司、保险公司和金融公司的广告电话，还会被互联网不断推送的大量商业信息淹没。互联网的数据分析会强化我的某种倾向，再用个性化定制精准信息发送的方式，给我灌输特定信息。从而改变我的人生发展道路。"

小涓沉默片刻，才说："这种可能性，未来是存在的。我们无法阻止物联网的未来，我们只能尽可能地提醒公众，保护个人信息非常重要！"

"信息如此有用，不知道民众有没有了解。"我看看四周，又看看自己，"很难想象，就连我们的每一块皮肤，每一个指纹，都包含着丰富的信息。"

"信息就是金钱。如果它不是，也要创造出金钱来。"小涓下了结论，"于是信息不再需要依托于实体，信息本身就是财富。"

1.计算出来的钱可以当钱吗

2018年6月10日，比特币价格为7175.83美元，按当日美元与人民币汇率计算，一个比特币价格接近人民币46000元，然而这还不是最高值。就在不久前，比特币甚至超过了20000美金。

这么值钱的比特币（BitCoin）其实只有9年的历史，2009年第一次出现在公众面前时，比特币只值3角钱。

比特币是电脑根据程序计算出来的一个结果，一串字符编码。它没有实物存在，可以切割为若干份额交易，只能存储在电脑里。发明它的是一个化名中本聪的人，壮大和完善它的人是一群醉心于新技术的程序员。这帮家伙最初的动机，是希望设计出一种没有中心点，不存在发行方，不受银行和任何金融机构控制的完美的电子货币。

不过，事情的发展往往是难以控制的，比特币再次证明，在网络这样自由发散的庞大体系中，进程和结果都不可预料！不忘初心，恐怕也只能成为一句空话。

本质上来说，比特币只是电脑制造的一段信息，没有金银这样的贵金属做发行基础，也没有哪个国家的中央银行出来做担保。比特币形象生动地展示了，信息可以不再依托于实体，信息本身就是财富。

比特币是这样设计的：程序员们搞出一个超级复杂的方程式，这个方式有2100万个特解，每个特解，一长串字码，就是一个比特币。所以比特币只有2100万个，数量有限，物就以稀为贵。

计算出比特币特解的过程被称为挖矿，做这样工作的人当然就是矿工了。但仅仅挖掘出比特币还不行，既然要做货币，比特币就必须能够流通，进行买卖，而且必须是安全的自由的买卖。

这方面比特币的设计者们当然考虑了。比特币是第一种分布式的虚拟货币，它依赖于P2P网络。这种网络中连接的计算机都处于对等地位，每台计算机都有相同的功能，没有主从之分，一台计算机既可作为服务器，也可以成为工作站。每台计算机所构成的节点都会有一个数据库，来记录比特币的产生或者转移。这样，只要能接入互联网，全世界的人都有可能制造、购买、出售比特币，整个交易过程中密码学保证外人无法辨认用户身份信息。

程序员们给予比特币四个特征。一是专属所有权。操控比特币需要私钥，它可以被隔离保存在任何存储介质。除了用户自己之外无人可以获取。

二是低交易费用。比特币的汇出是免费的，但客户端和钱包要收取很少的费用，以保证交易的顺利快速执行。这种收费和比特币代表的金额没关系，只和交易的字节大小有关。

三是没有隐藏成本。比特币没有烦琐的额度与手续限制。知道对方比特币地址就可以进行支付。

四是跨平台挖掘。挖掘比特币可以在任何平台，采用任何硬件。只要能计算就可以。

现实生活中，我们努力工作，获取酬劳，再去商店消费购买需求品。网络上也是如此。要想获得比特币，就必须注册各种比特币的合作网站，下载专用的比特币运算工具，把注册来的用户名和密码填入计算程序中，点击运算就正式开始求解也就是挖矿了，至于什么时候能找到解也就是挖矿成功，则完全取决于计算机的计算能力。

用户完成比特币客户端安装后，就能得到软件自动生成的比特币地址。这是一个由字母和数字构成的33位字符，记忆起来很麻烦，不过很好辨认，因为它们总用1或者3开头，例如"1FDunA7RtAAQyhkVvkLJ6BV1tuSwMF5r2v"。比特币地址和私钥会一起出现，它们之间的关系就像银行卡号和密码。比特币地址就像银行卡号，记录你在该地址上存有多少比特币。私钥就像银行密码，证明你对该地址上的比特币的所有权。只有你在知道银行密码的情况下才能使用银行卡号上的钱。所以，必须保存好地址和私钥。

使用比特币则要简单得多，只要把地址贴给别人，就能通过同样的客户端进行付款和收款。

在比特币的交易后台，比特币的交易数据被打包到一个"数据块"或"区块"中，交易初步确认。区块链接到前一个区块之后，交易会得到进一步的确认。在连续得到6个区块确认之后，这笔交易基本上就不可逆转地得到确认了。比特币对等网络将所有的交易历史都储存在"区块链"中。随着交易次数的增加，区块链会持续延长。新区块一旦加入到区块链中，就不会再被移走。区块链实际上是一群分散的用户端节点，并由所有参与者组成的分布式数据库，是对所有比特币交易历史的记录。

比特币诞生之后，最初的拥有者试图说服私人或者商家接受这一新生的电子虚拟货币。9年来，也确实有些商家愿意接受比特币，在加拿大甚至出现了比特币的自动提款机。

拥有比特币的人的姓名不会公开，比特币没有发行中心，外界无法关闭它，也无法对它进行税收和监管，这真是一个为电子虚拟世界准备的完美虚拟货币计划。

但让程序员们感到尴尬的却是——比特币还没有在电子虚拟世界中成长壮大，就变成了现实中大众投资的热捧对象。

于是，便出现了1比特币市值能达到46000元的报价。最早持有比特币的人，简直令人羡慕到抓狂，因为他们全都发了大财。

比特币是一种电子虚拟货币，想得到它，要不自己当采矿者去挖矿，要不就用钱购买。现在挖矿需要巨大的软件和硬件的投入，以及充足的电费和时间，普通比特币玩家很难付出如此巨大的机会成本。那么只有一个方法，去向拥有比特币的人购买。

买到比特币后呢？能消费比特币的地方不多，又不能像劳力士那样戴在手腕上显摆，那怎么办？把比特币包装成一种投资品高价卖出去！既然邮票、连环画和方便面口袋都可以成为投资品，为什么比特币不可以啊？

没有任何实体支撑的比特币——纯粹的信息，就成了和真金白银一样的财富。

比特币的火爆令人眼红，其他虚拟货币试图复制它的成功，比如以太币，还有Ripple、MasterCoin、彩色币、比特股等，但都达不到比特币的热度。在2013年，流行的数字虚拟货币就有比特币、莱特币、无限币、夸克币、泽塔币、烧烤币、便士币、隐形金条、红币、质数币等

图5-1 上千台比特币矿机组成的"矿山"，耗电量惊人 图片来源：网络

上百种，甚至还有"比特金、莱特银、无限铜、便士铝"的传说。然而，信息技术的发展是按照小时来计算的，当很多人还在比特币和莱特币之间迟疑的时候，新的更加直接的虚拟货币已经诞生。这就是"区块链"概念。

因为以比特币和各类虚拟货币为媒介的非法金融活动蔓延，风险巨大，我国相关部门已经禁止国内比特币平台交易，首次代币发行（ICO）也被清理整顿和取缔。

如果说比特币还多少有点货币的样子，那么区块链和货币完全没有共同之处。区块链是比特币以及其他虚拟电子货币的核心技术，是一个公用数据库，它对所有交易进行数字化记录。支持对区块链应用进行开发推广的人们相信，区块链可以是一种不再需要传统现金的支付方式，颠覆传统金融服务，尤其是能够大幅降低支付和证券交易的处理费用。

究其原因，因为区块链本质上是一个共享、可信的公共总账，任何人都可以对它进行核查，但不存在一个单一的用户比如银行可以对它进行控制。在区块链系统中的参与者们，会共同维持总账的更新，总账只能按照严格的规则和共识来进行修改。比特币的区块链总账防止不断跟踪交易。这也使得未来没有中央银行的货币成为可能。

区块链的核心关键是去中心化。整个网络没有中心化的硬件或管理机构，任意节点之间的权利和义务都是均等的，且任何一个节点的损坏或者失去都不会影响整个系统的运作。

由于去中心化，参与整个系统中的每个节点间进行数据交换无须互相信任，整个系统的运作规则公开透明，所有数据内容都公开。在系统指定的规则范围和时间范围内，节点之间不存在欺骗。

作为公用数据库，区块链很可靠。整个系统通过分数据库的形式，让每个参与节点都能获得一份完整数据库的拷贝。除非能够同时控制整个系统中超过51%的节点，否则单个节点上对数据库的修改是无效的，也无法影响其他节点上的数据内容。而且参与系统中的节点越多和计算能力越强，该系统中的数据安全性越高。

由于区块链是一种技术，它不存在比特币那样的投资产品化，但它将带来的技术前景非常诱人。区块链就像是财务总监手里的账本，是全面、实时的会计记录，写着谁拥有和转移了什么。记录的内容几乎不限制，可以是实物资产，可以是土地也可以是无形的电子货币、证券交易、衍生物、金融工具，以及政府与公民的互动等。

区块链不仅仅能够记录金融业的交易，它几乎可以记录所有有价值的东西：出生和死亡证明、结婚证、教育程度、财务账目、医疗过程、保险理赔、交通违章记录……只要这东西可以用代码编程来表示，区块链就可以记录。

也就是说，区块链能对数字信息和字节进行产权确认、计量、交易，以及对信息永久的存储。信息在区块链技术保证下，会更加安全，更加容易实现财富功能。

比如，保险理赔如果运用区块链技术，只要被保险人状态改变，联动变化就会激活。被保险人将不用再申请理赔，并出示给保险公司各种证明票据，赔偿金就会自动从保险公司账户划到受益人的银行账户。

比特币其实只是区块链的最基本应用。在区块链技术的基础之上，需建立起智能合约——自动执行合约条款的计算机程序。智能合约可以发挥效率方面的优势，避免恶意行为对合约正常执行的干扰。

将智能合约以数字化的形式写入区块链中后，由区块链技术的特性保障存储、读取、执行整个过程透明可跟踪、不可篡改。同时，由区块链自带的共识算法保障智能合约高效运行。

这样的话，系统可以自动核实、结算，不仅解决了"违约"的风险，效率自然得到了提升。从小事件来说，比如租房，房东不在本地，见不到他没关系，房门上是电子锁，你只要和房东签个电子合同就妥当了。智能合约保证在你交付房租期间，房门都会为你打开。但是你一旦没有按时交房租，智能合约马上就取消你的入户权限。

大事件，比如美国纳斯达克证券交易市场的证券交易。传统上，一笔证券交易需通过证券经纪人、资产托管人、央行和中央登记机构的共同协调才能完成，需要几天时间清算交割，可是在区块链上完成这个过程仅仅需要10多分钟。要知道清算交割时间减少1天，美国两大证券交易所每年就将减少27亿美元的清算和结算成本，这还不包括后台系统因纸张真正消失而减少的成本。

未来，区块链的应用还会有很多。

那么，比特币的未来会怎样呢？回顾一下这几年比特币的财富之路。

2009年1月3日，日本计算机专家中本聪制作了比特币世界的第一个区块"创世区块"，并挖出了第一批比特币50个。

2010年5月21日，美国佛罗里达程序员Laszlo Hanyecz用1万比特币购买了价值25美元的比萨优惠券，等于400个比特币换1美元。从这个汇率来看比特币当时很不被看好。后来比特币价值像坐了火箭一样噌噌飞涨，Laszlo Hanyecz处之泰然，还风趣地说："我没感到特别的沮丧，而且比萨真的很好吃。"

2010年7月，第一个比特币交易所MT.Gox创立，用户暴增，比特币价格暴涨。

2011年2月，比特币价格首次达到1美元，此后与英镑、巴西雷亚尔、波兰兹罗提汇兑交易平台开张。

2012年，比特币作为数字货币，利用区块链转移各国外汇。

2013年11月29日，比特币交易价格创下1242美元的历史新高，而同时黄金价格为一盎司1241.98美元，比特币价格首度超过黄金。

美国财政部发布了虚拟货币个人管理条例，首次阐明虚拟货币释义。

2014年，中国兴起投资比特币的热潮。在利益驱使下，生产贩卖比特币矿机的产业链日益成熟。

2015年，美国纳斯达克证券交易所推出基于区块链的数字分类账技术Linq进行股票的记录交易与发行。区块链正式进入公众视野。

2016年12月，比特币在中国的价格疯涨近67%，一年以来的涨幅更是达到了200%。投资者甚至发出这样的感慨：什么深圳房价，在比特币面前都是浮云……

古话说：盛极必衰。当大爷大妈都去买股票的时候，也就意味着股市到了顶峰，把大爷大妈都忽悠进来了，再往前走就是下坡路了。这是事物发生的必然规律。所以当中国的比特币市场交易规模起来后，比特币的未来就有点虚胖的样子了。中国的规模有多大？火币网，比特币交易的平台之一，2016年6月时累计交易额已突破1.06万亿元。近两年国内比特币的交易规模更是已经占全球比特币交易量的93%以上。

玩比特币的人多了，比特币挖矿的成本和难度就不断增加，交易平台的手续费也在不断增加。越来越多的比特币集中到少数人尤其是中国人手中，比特币的去中心化特点正在变得模糊。当中国仅仅两个矿池的算力就超过整个比特币网络的50%时，就连比特币创始团队的成员都在哀号：比特币正处于技术崩溃的边缘！它越来越偏离数字货币的设计，而变成了纯粹的投资品！

有人买就有人卖，中国人最喜欢将事情做到极致。投资者不在乎比特币的意义使命，对虚拟货币会不会毁掉金融系统也不感兴趣，他们只关心能不能赚钱。所以他们会兴致勃勃地问："比特币很值钱，那么其他网络虚拟财产呢？"

2.看不到的财产

在网络虚拟世界，个人掌握了众多网络账户，购物网站的消费额度可以兑换礼券、享受优惠等，论坛网站的账户等级意味着权威和专业，游戏装备可以买卖，这些"虚拟"账户是"真的"值钱。

2003年年底，北京一位游戏玩家李宏晨发现，他在网络游戏"红月"中辛苦两年所积攒的装备全都不翼而飞，于是他将网络游戏经营者告上法庭。这是中国大陆首例虚拟财产失窃案。

李宏晨认为他为了获得这些装备付出了大量的时间、金钱和感情，要求游戏公司赔偿他丢失的各种装备，并赔偿精神损失费。游戏公司则认为"网络游戏中的内容无论是装备、分级还是称号，实质上都是一组数据，本身并不存在。"

游戏公司的这一认知，在当时也算是主流观点之一。然而，这些游戏中的装备，玩家的等级和账号，是玩家倾注了精力和金钱获得的，而且也能在网络中交易，本身已经具备了价值。这和它们是不是数据没有关系。

在2003年，虚拟财产的概念还不清晰。法院只能就被告与玩家之间是消费者与服务者的关系，依据我国《合同法》和《消费者权益保护法》等法律来进行判决。虽然虚拟的设备是无形的，又存在于特殊的网络游戏环境中，但玩家参与游戏需要支付费用，可获得游戏时间和装备的游戏卡都要用货币购买，这些都反映出虚拟装备的价值含量。

这场官司最终李宏晨胜诉。游戏公司被判赔偿他丢失的虚拟装备。这件事情成为对虚拟财产保护的开始。

游戏装备是显而易见的网络虚拟财产，它是用游戏里的游戏币购买，网络游戏中的游戏币由于可以在玩家中进行交易，甚至兑换真实货币，已经有了一定程度的货币意义。游戏中一套装备或一个账号卖几万元是常有的事，有些顶级账号甚至价值上百万元。玩游戏一个月砸几万元的人很多，有玩家一次性充值25万元，还有人不到半年就花60万元买装备。

还有网站发行的用于购买本网站内服务的专用货币，也是一种虚拟财产。目前仍然在腾讯相关游戏和应用中流通的Q币，就是这种专用货币。

随着网络的普及和应用深入，网络虚拟财产的范畴日渐扩大。在各种网站注册的账号也成为非常重要的资产。这些账户中保存了使用者的大量信息，包括了照片、文章、视频等，购物网站的消费额度可以兑换礼券、享受优惠等，论坛网站的账户等级意味着权威和专业。

信息中所积累沉淀的财富很难预料。比如QQ账号，5位数高等级的账号在交易网站甚至可以喊出"88888元"的报价。而数字域名更是随时可能变现的稀缺资产。

说到域名，作为网站的地址和标识，域名的作用和影响非常重要，它是企业的网络商标。域名是唯一性、稀缺性、全球流动性和商业性的特点注定它会是投资领域的明星产品。过去两年中，中国已经成了最大的域名投资者，中国域名交易金额占全球的40%以上。数字域名更是市场潜力巨大，比如"360.com"就被奇虎360出资1亿元人民币收购。

富起来的中国人愿意买下一切能保值的东西，不管这东西是不是虚拟的。因而，怎么确定虚拟财产的物权归属，如何保护民众的虚拟财产就越来越成为法律界的重要问题。

2016年，在李宏晨状告游戏公司13年后，网络虚拟财产的物权归属被纳入《中华人民共和国民法总则》草案的讨论中，首次提请人大审议。《民法总则》在民法中起统率性、纲领性作用，在2017年3月获得人大批准。《民法总则》第一百二十八条中提出"法律对数据、网络虚拟财产的保护有规定的，依照其规定。"这一条例开启了对虚拟财产立法保护的序幕。序幕是拉开了，但虚拟财产的定义需要进一步的法律解释。什么是虚拟财产，又有哪些虚拟财产能够受到法律保护，这些都需要法律条款的明确界定。

个人微博、微信账号、游戏装备、网站积分等许多虚拟财产的价值都无法衡量，因此在发生纠纷时难以确定金额，也就难以定罪，这是法律必须进一步解释和规定的。

虚拟财产的保护也存在着许多现实问题。谁来管？怎么管？在虚拟世界中，很多虚拟财产由网络平台发行或提供，如果出现了纠纷，作为利益相关者，平台能否管理好？虚拟财产往往储存在用户的账号中，如果账号持有者不愿意公开信息，查证也会成为困难。

网络虚拟财产如果被盗用、侵犯，如何证明这份虚拟财产就是属于你的？

未来，关于虚拟资产的立法工作还任重道远。

但是，《民法》中对虚拟财产的物权归属予以确定，是积极现实的做法，具有重大意义。数据真正被法律确定为一种资产或知识产权，这样，数据信息的拥有者和开发者的收入权益就能够找到平衡点，大数据等行业也将由此获得更广阔的发展空间。

在这个后信息时代，不仅信息有价值，虚拟信息具有同样的价值。虚拟信息可以成为个人的财产，交易买卖甚至可以作为遗产留给后人。

这是20世纪的人无法设想的现实。

既然有了虚拟财产，虚拟经济也就自然而然地诞生了。其本质是以个体为中心的信息经济。只要个体需求，交易就会随时随地在任何网络终端发生。卖家低价收购各种虚拟货币、虚拟产品，然后再高价卖出，依靠这种价格差赢取利润。前文所说的比特币投资就是这种情况。还有一种专业"打币"人，专业玩游戏，获取游戏中的金币，再转卖给游戏玩家。"打币"这个工作没有什么门槛，吸引了很多游戏玩家，好利者甚至成立专业的"打币工作室"，利用外挂这种作弊手段打币，从中获利。

"打币"一旦上了规模，势必破坏了游戏平衡，影响游戏生命周期，最后游戏只会剩下有钱购买金币的土豪玩家和专业打币玩家，游戏人气将迅速消亡，从而构成犯罪行为。2015年4月，黑龙江警方就抓捕了这样一家"打币工作室"，缴获用于打币的计算机上万台。

国家税务总局明确规定，从2008年10月30日后，个人通过网络收购玩家的虚拟货币，加价后向他人出售取得的收入，应按照"财产转让所得"项目计算缴纳个人所得税。国家税务总局同时强调，个人销售虚拟货币的财产原值，为其收购网络虚拟货币所支付的价款和相关税费。对于个人不能提供有关财产原值凭证的，由主管税务机关核定其财产原值。按照"财产转让所得"项目计算缴纳个人所得税的税率固定为20%。

虚拟经济可不是闹着玩的。2017年全球虚拟货币经济市场规模预计将达3000亿元人民币。这其中，广告互动将成为发展最为迅速的虚拟货币经济领域，预计到2017年规模将近54亿元人民币，增幅超过200%。虚拟经济发展如此之快，还要感谢平板电脑以及智能手机，让各种网络应用APP占据了人们的视野。加上支付手段的快捷方便，虚拟经济的飞速发展终成大势。

而几年前人们所担心的虚拟货币会不会对真实货币带来冲击，现在也有了答案。在北京，越来越多的人出门不再带现金和信用卡，但他们必须带上手机，因为几乎所有的商家都接受手机移动支付。只要用手机扫一下微信或者支付宝的二维码，金钱就会从买家账户进入卖家账户中。整个支付过程仅仅需要几秒钟。人们不需要去网上购买比特币或者Q币来付款。Q币还有些实际用处，毕竟腾讯有旗下庞大的游戏帝国和各种应用支撑。比特币呢？似乎已经变成了纯投资产品。

信息变成虚拟财产有了价值，于是一个不大不小的问题就产生了：如果我有天忽然死去，我的这些虚拟财产该如何处理？

3.虚拟遗产

如果是10年前，信息化还不大和生活挂钩，人死如灯灭，互联网服务商会将死亡用户的账号清空，资料删除，理由很简单充分——长时间没有登录使用，已经是僵尸客户。

但是现在，账户中有那么多用户的信息：通信录、账本、各种工作笔记、钱包、相片、付费购买的各种电子书，还有云盘下载的影视作品……互联网服务商再也不能简单地删光了事。

信息作为遗产该如何处理的问题，真是以前从来没有人会想到的。联合国教科文组织将信息遗产定性为"数字遗产"，并同世界物质文化遗产、非物质遗产一起列为人类的"三大遗产"。

在不影响用户隐私的情况下，Facebook、Google提供了几种处理数字遗产的方法。

Facebook是用户数突破10亿的社交网站，每年约有30万用户离世，这一社交平台因此成为"巨大的数据墓地"。Facebook为死者设有纪念账户（Memorising Account），在用户离开之后，亲人将账户设置为纪念账户。该账户再也无法更新，也不会被推荐给可能认识的好友，只有好友能访问。最近Facebook又推出了遗产联系（Legacy Contact）功能，允许用户指定"数字遗产"代理人，在本人去世后要求代理人管理其页面，包括发布帖子、更新照片及回复好友提问。迄今，已有数百万人在Facebook上指定了"数字遗产"代理人。

如果用户未提出任何要求，Facebook将在其去世后将该账户转变为"纪念账户"，作为"供Facebook用户追思和纪念已故人士的地方"。Facebook还很细致地提供了过世后彻底删除自己账户的选择，让那些愤世嫉俗者在虚拟空间也像现实空间那样不留一丝痕迹。

谷歌则有"无活动账户管理器"（Inactive Account Manager）服务，在确认很久没人使用这个账户后，它可以向你选定的10个好友发送你所有谷歌账户的数据包，或者你可以设置删除账户，类似注销账号。管理器允许用户提前设定好身故或停止使用后处理数据信息的方式。由此，谷歌成为全球第一家主动针对网络数据遗产采取行动的互联网公司。

此外，也有非常个人化、带有实验性质的服务，例如If I Die能在离开后给好友发送遗言或视频，这听起来有点惊悚，以及专门记录死者生前最后一条推特的博客Tweet Hearafter，上面不仅记录着这条推特的内容，还给出了发这条推特的时间、他们去世的时间和他们在维基百科上的链接。但是互联网企业与用户签订服务协议时，通常会利用协议来排斥"数字遗产"的继承。例如注册新浪微博时，《新浪网络服务使用协议》规定，用户不应将账号、密码转让或借给他人使用。注册邮箱时服务商也普遍会声明，用户对这一服务和产品不拥有所有权。

据说这是行业惯例，个人账号不能被当作财产处置，也不属于法律上遗产继承的范畴。因为一旦将数字资产纳入可继承的范围，用户隐私泄露、遗产价值认定、审核继承人身份等问题，会大幅增加公司的运营成本。

由于网络虚拟产品的遗产继承问题比较复杂，至今还没有明确的司法解释，法律界目前仍无定论。目前，主流的观点是依照《继承法》，对具有人身性质的网络遗产不可以继承，如个人聊天工具QQ、网络ID等。而没有人身性质的网络遗产则可以继承，如网上店铺、作品版权和游戏币等。

以此为基础，很多网络虚拟财产的最终所有权都流向了网络供应商的口袋。比如腾讯规定，微信和QQ的所有权归腾讯，用户只有使用权。如果微信号长期没有登录使用，QQ有权收回腾讯。

很明显，无论是国家相关法律规定，还是腾讯对于产品所有权的规定，都已经严重不适用于现在的网络产品的发展逻辑，尤其是当一个虚拟产品被融入更多现实生活元素之后，相关的问题就非常突出。比如，网络公司可以认为账号归自己所有，但上面存的钱，网络公司却没有相关权力进行处理。

2009年，我国就有IT公司想在网络虚拟财产的继承上做点事情，推出了"网络遗产托管服务"。

在该公司办理网络遗产承接须先签协议，然后由公司为客户电脑植入一个类似于"木马"的程序。比如客户的遗产是QQ，那么如果程序监控到该账号持续30天无人登录后，该公司将直接联络继承人。

但这一服务由于法律上的空白，不被广泛接受。而且网络虚拟财产的意识并不是很多人具备。而后便销声匿迹了。

随着最早使用互联网的一批人老去，由0和1组成的字节势必超越数据，成为人们寄托感情的载体。

日本因此兴起了管理"数字遗物"服务，受家属的委托、获取或删除已故亲人在电脑或手机等电子设备上所遗留信息，例如解约已故亲人购买的网络付费服务、取出家人的照片、破解电脑密码等。日本PC Service公司与日本最大的丧葬服务公司燦控股（San Holdings）旗下的公益社合作，开通了"数字遗产支持服务"，受遗属委托处理已故亲人电脑上的信息。

数据恢复公司Data Salvage也提供数字遗物整理服务"LxxE"，以回应许多客户"想拿到遗留在手机中的照片数据"的委托。

数字信息上遗留的除了文字和图片，更重要的是透露出个人所特有的言行举止，或者说，就如同其另一个"分身"，这也正是得以回顾故人最好的方式。

英国电视剧《黑镜》中，主人公Martha就因为车祸失去男友Ash过于悲痛，利用Ash在电脑上遗留的信息，通过人工智能克隆出"男友"。这个"男友"也确实有着像真正的Ash一样的语调，开同样的玩笑。虽然，他还不能代替活生生的人，但像这样的"数字化身"，一定程度上也可以缓和亲人死亡带来的伤痛，以及对故人的想念。

网站terni.me则将《黑镜》中的剧情带进现实。该公司开发的人工智能可以通过聊天记录、电子邮件等，对逝者的个性进行仿真，让生者和逝者聊天。

对"数字遗物"的合理处理，成为"寄托哀思"的另一种形式，是对生者的莫大鼓励。同时也让已经结束生命的逝者，通过科技在网络上开启"第二人生"。

虚拟和现实，真正开始模糊起来。

六　虚拟现实：信息定制时空

"信息将不存在边界。"我说，"终有一天，我们的思维可以将信息化为0和1的编码，上传网络。那时我们就能抛弃肉体，以信息形式存在，世界对于我们，不会再有空间和时间的差异，只要一个念头，就能跨越千山万水。"

小涓说："那时，我们可以瞬间相聚，并且随意设计聚会的环境。我们随时可以分享知识、体验和评论。纯信息化的人生，没有生老病死，也不会疲于奔波，那将是完全享受精神世界，创造精神价值的人生。"

我不由得闭上双眼，感觉数据流在我的体内汹涌奔流，我的感知被这些数据淹没，带向遥远的未知之地。我睁开眼睛的时候，我周围的世界都在闪光，我不由得掐了掐自己的胳膊，确认我是在一个真实的物理世界之中。

"这种人生，我想象起来有点吃力。"我提议，"我们还是从头开始梳理，慢慢走进未来。"

"那么，就从VR、AR、MR说起吧。"小涓说。

1.沉浸到VR的虚拟环境中去

VR的全称是Virtual Reality，即虚拟现实技术，是一种可以创建和体验虚拟世界的计算机仿真系统。它最终的目的是利用计算机生成模拟的真实环境，使用户完全沉浸到该环境中。

如果从第一个视频眼镜诞生算做VR的开始，VR起码有将近50年的发展历史。然而，由于硬件的束缚，VR发展缓慢。近年来，VR所涉及的仿真技术、计算机图形学、人机接口技术、多媒体技术、传感技术、网络技术等多种技术都有快速发展，才促进VR的爆发，开始大规模出现在公众视野之中。

　　VR主要包括模拟环境、感知、自然技能和传感设备等方面。模拟环境是由计算机生成的、实时动态的三维立体逼真图像。感知是指理想的VR应该具有一切人所具有的感知，除计算机图形技术所生成的视觉感知外，还有听觉、触觉、力觉、运动等感知，甚至还包括嗅觉和味觉等。自然技能是指人的头部转动，眼睛、手势或其他人体行为动作。传感设备则是穿戴在使用者身上的装置，以及设置在现实环境中的传感装置，包括立体头盔、数据手套、数据衣等，它是使用者和计算机之间的互动工具。

　　VR技术这样营造一个虚拟环境：计算机处理与使用者动作相适应的数据，并对使用者的输入做出实时响应，再分别反馈到使用者的五官。使用者就通过虚拟的环境感受到真实的世界。通俗地说，就是现实被数据化后，继而又被精准地再现，以影像的形式展现在我们的眼前。

图6-1　VR模拟动感游戏，头戴VR模拟器的玩家们体验感不错　图片来源：作者提供

图6-2　索尼研发的虚拟现实设备　图片来源：索尼宣传资料

　　现在，要想使用VR技术需要一些特定装置，最主要的就是一个头戴式显示器，也叫作虚拟现实眼镜或者头盔，以便显示计算机模拟出来的那个世界。显示器的画面生成和渲染由相连的计算机、

游戏机或手机负责，加入动作传感器后，就能够把使用者的动作投射到虚拟世界当中，佩戴者就会体验到身临其境的感觉。模拟度越高，使用者的沉浸度就会越好。目前高端显示器需要连接PC机或游戏机，低端显示器则将智能手机作为显示器的一部分使用。

毫无疑问，临场感是VR的核心。通过一系列软硬件的配合工作，VR装置已经有能力实现，不过，由于技术的不成熟，VR设备目前在这方面的实际效果还并不是特别好，用户在体验时可能会因为延迟（扭头动作和实际视角的转变）而产生眩晕。

VR看上去是为游戏准备的，能够让游戏者获得更多的身临其境的沉浸式体验，但到目前为止，尽管有近千款VR游戏在研制之中，但还不能给使用者提供360度和真实环境无差别的游戏感觉。

不过，VR在非游戏领域有相当丰富的拓展应用空间。在医学领域，可以通过虚拟现实搭建场景，实现在医疗和教学领域的应用。比如人体解剖和临床手术，都可以让学生佩戴VR显示器进行虚拟操作，既节省资源又相对安全高效。美国加州大学罗纳德·里根医疗中心的医生，已经利用虚拟现实技术准备脑部手术、诊断前列腺癌，提高了诊断的准确性。

VR适合用于培训，除了医学院培训学生，美国国家航空航天局利用VR应用训练航天员，美国军方也利用VR技术来训练士兵。

未来，当我们走进影院时，不再需要3D眼镜，而是戴着VR显示器看电影，这样将有身临其境置身于电影场景中的感觉，甚至可以360度视角观看。这将对电影的拍摄技术提出更高的要求和挑战。

目前，VR装置还在市场化的过程中，需要克服高端头戴显示器笨重昂贵、低端显示器用户体验欠佳的问题，还要扩展丰富内容，真正融合到用户的生活中去，而不是一种猎奇体验。

VR可以将信息重新组合反馈给使用者，使他能够体会不同时空不同领域的内容，感同身受。通过VR，人们可以理解运动员、音乐家、航天员等职业人群在训练过程中的艰辛。谷歌推出的VR APP，用户跟随谷歌街景视图可以进入伦敦知名的Abbey Road录音室参观，这样的体验相当引人入胜。

IT界和投资界都认定，智能手机之后，虚拟现实将成为重要的个人计算和信息通信平台。这个替代过程可能需要5~7年时间。

2.AR增强现实

VR很有意思，但它只是制造一个假的世界给使用者感受，这个世界还必须依靠一个头戴显示器才能看到。在这个显示器中的世界，是计算机虚拟出来的，没有真实存在的东西，使用者摸到的、闻到的、听到的，所有感觉全部都是计算机技术制造出来的。

现在，把手机摄像头对着房间，手机屏幕上出现了床、衣柜、梳妆台……梳妆镜前放着一张印有鲨鱼的卡片。手机摄像头扫过，不好，鲨鱼游进了手机屏幕，在床上游动起来。并且，手指触摸屏幕上的鲨鱼，鲨鱼还会摇头晃脑。拿开手机，床上却什么都没有，鲨鱼还老老实实待在卡片里。

这是魔术吗？当然不是，这其实只是增强现实技术AR（Augmented Reality）的一个小小的应用。在这个应用中，我们不再需要头上戴个显示器，就看到了不可能在现实世界中存在的现象。这当然不是什么魔法，而是一种实时计算摄影机影像的位置和角度，再加上相应图像的AR技术。这种技术把虚拟世界套在现实世界中，还能和使用者进行互动。与VR相比，AR和生活场景贴得更近，应用空间更大，科研、医疗、教育、设计、消费、娱乐、社交等众多领域都可在现实场景中加入虚拟图像，从而表现出更为直观的视觉感受。

图6-3 AR技术让杂志上的图像成为电脑中的程序 图片来源：网络

建立在VR基础上的AR，早在2010年就被《时代》杂志列入"10大科技趋势"。它将虚拟的信息应用到真实世界，并将计算机生成的虚拟物体、场景或系统提示信息叠加到真实场景中，达到对现实的信息增强目的。

在科幻电影中，经常出现这样的场景：主人公佩戴的眼镜上，出现各种数据，甚至分析图像，这正是采用的AR技术。AR更重视人机之间的互动，利用摄像头、传感器、实时计算和匹配技术，将真实的环境和虚拟的物体实时叠加到同一个画面或空间中。这样，用户就获得了在真实世界中很难体验到的其他时空的实体信息。虚拟信息作为真实世界的信息补充，丰富了用户的认知。

在AR技术下，真实世界信息和虚拟世界信息被叠加在了一起，可能依然需要一个头戴式显示器，以便把真实世界与虚拟世界多重合成在一起，但可以看到真实的世界。

VR的显示器中却只有虚拟世界，使用者沉浸其中，忘记实际上身处何方。在VR展示中，使用者头戴显示器，手中拿着棒形或是枪型的体感手柄，时而尖叫、时而大笑，忘乎所以。AR用户的增强现实设备则是透明的眼镜，可以看到现实环境，不会丢掉现实感。

AR要比VR复杂一些，包含了多媒体、三维建模、实时视频显示及控制、多传感器融合、实时跟踪及注册、场景融合等技术。AR系统具有三个突出的特点：真实世界和虚拟世界的信息集成；具有实时交互性；在三维尺度空间中增添定位虚拟物体。

和VR不同的是，AR的工作方式是在真实世界当中叠加虚拟内容。这些内容可以是简单的数字或文字通知，也可以是复杂的虚拟图像。如此一来，使用者就不必在其他设备上查看相关信息，以便腾出双手进行其他任务。很显然，AR是一项非常适合在企业环境当中使用的技术，它能让现场工作人员方便快捷地获取到相关的信息。

AR技术最早被应用在教育领域，用户通过手机或者平板电脑下载软件，就可以体验更具真实感的立体三维动画和互动科学游戏，不仅增强使用的趣味性和交互性，还能给儿童带来全新阅读体验。由于其具有能够对真实环境进行增强显示输出的特性，在医疗研究与解剖训练、精密仪器制造和维修、军用飞机导航、工程设计和远程机器人控制等领域，具有比VR技术更加明显的优势。

医生利用AR技术，可以对手术部位进行精确定位。军队利用AR增强现实技术，进行方位的识别，获得实时所在地点的地理数据等重要军事数据。

文化古迹的信息以AR方式提供给参观者后，用户不仅可以看到古迹的文字解说，还能看到遗址上残缺部分的虚拟重构。

在工业维修领域，通过头盔式显示器将多种辅助信息显示给用户，包括虚拟仪表的面板、被维修设备的内部结构、被维修设备零件图等，方便用户了解产品的维修保养情况。

旅游者在浏览、参观名胜古迹时，通过AR技术将接收到名胜古迹的相关资料，观看展品的相关数据资料。

在传媒和娱乐方面，AR的应用将带来更多的互动性，观众就从被动观看变成主动参与，比如转播体育比赛时，实时的将辅助信息叠加到画面中，使观众可以得到更多的信息；游戏中可以让位于全球不同地点的玩家，共同进入一个真实的自然场景，以虚拟替身的形式，进行网络对战。

建筑设计师、城市规划师利用AR技术，将设计叠加进真实场景中，可以直观地看到设计效果。

目前，AR技术已经有了不少现实应用。

（1）AR技术给精明的商家提供了新的展示产品的方式：游戏。

图6-4　宜家展示产品　图片来源：宜家APP

宜家将AR技术用于《家居指南》的APP应用中，用户可以通过宜家的官方杂志作为识别卡，展示此杂志中的宜家家居产品，并将这些产品通过增强现实技术摆放到家中的各个角落，看到这些产品和实际环境融合后的效果。由于AR技术是由虚拟现实演变而来的，所以AR呈现出来的物品都是3D的，用户拿着手机旋转角度，可以看清虚拟物品的全貌。

图6-5　iButterfly捉蝴蝶游戏的游戏画面
图片来源：软件介绍

iButterfly则利用AR技术，设计捕捉蝴蝶的游戏，宣传商家发放广告和优惠券的营销活动。使用者可以通过手机的摄影头，前后晃动手机，捕捉现实场景中飞舞的虚拟蝴蝶。不同地点，蝴蝶的种类不同，搜集蝴蝶的同时也就相应收集了各种各样的优惠。

2014年，麦当劳（金拱门）为了响应世界杯推出AR游戏McDonald's GOL!。用户下载游戏后，用手机扫描并识别薯条盒，就能看到面前出现了一个真实与虚拟场景结合的足球场，薯条盒则变成了球门。用户用手指滑动手机来"踢"球，避开或利用障碍物反射，便能实现多重难度的射门体验。

丰田开发了Toyota 86 AR游戏。游戏的玩法很简单，通过移动设备的摄像头拍摄印有"Made to Thrill"主题的图片，就会有一辆Toyota 86跑车出现在屏幕上，可以通过屏幕上的虚拟按键进行控制，跑车加速、转弯、漂移都十分灵活。车辆的仿真度很高，不仅仅模型制作精致、即时生成的车胎印记以及障碍物的碰撞效果都十分逼真。在游戏场景中还可以摆放真实的物体，人为制作出各种赛道。

图6-6　Toyota 86 AR，游戏和广告完美结合在一起　图片来源：游戏介绍视频

（2）AR技术应用到教学中，知识更直观易懂。

在教学方面，AR有将抽象知识图像化的优势，因此开发者比较容易找到应用对象。解剖学就是AR大展身手的领域，Anatomy 4D就是一款解剖教学软件，利用手机屏幕呈现出细致的人体结构。只要打开软件，用移动设备的摄像头对准应用截图，移动设备的屏幕上就会出现一具尸体供学习者任意翻转观察。

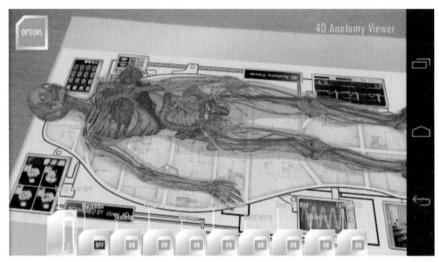

图 6-7　Anatomy 4D 演示人体结构　图片来源：Anatomy 4D 软件介绍

阅读时，读者可以使用Horrible Haunting软件。这款将纸质图书结合AR应用的软件，让读者只要用iPad对准正在阅读的书籍，屏幕上就会呈现出书中所描述的场景，以及对应的章节。虚拟场景让枯燥的文字顿时鲜活了起来。

图 6-8　Horrible Haunting 软件，让图书上的文字图片变得鲜活　图片来源：Horrible Haunting 软件官方介绍

在石油和天然气行业，FuelFX采用互动式模拟、动画和3D图形的方式帮助大公司训练新员工。该应用已经证明学员可以快速掌握复杂的程序和过程，而不涉及现实生活中使用真实设备的风险因素。除了基础训练，FuelFX允许虚拟教官调查设备，指出安全隐患，连接实时压力和温度读数展示复杂的炼油厂模型，让危机管理者可以访问与实时安全保障软件连接的数字设备模型。

（3）AR技术做交通导航的优势。

毫无疑问，优势就是直观。尤其对于交通导航来说，直观和准确是必不可少的两大因素，Sky Guide，一款应用AR技术的观星软件，通过定位和指南针便能观看到浩瀚的星空。使用者只需将屏幕对准天空，便可以看到想看的星星们。除此之外，Sky Guide还囊括了恒星列表、星座列表、行星列表和天体列表。并且每个星体都有自己的维基百科描述，不仅能够看星星，还能长学问。

Layar Reality Browser是一个地理APP，使用增强现实AR技术，显示周边地理环境中的各种信息。通过可视化浏览，APP与周边信息进行视觉交互扫描图像，帮助用户认识现实世界。打开APP，朝着某一个方向开启手机摄像头，屏幕上即可看到一个地理地标，用户可以进一步详细了解。用户可以看到出售的房屋，流行的酒吧、商店，该地区的旅游信息、杂志和广告海报等。

图6-9 Sky Guide 的界面很友好 图片来源：网络

图6-10 Layar Reality Browser 发现周边信息 图片来源：网络

（4）AR技术作为工具，将改变很多行业的制造方法。

AugMeasure软件具有自动对焦检测分辨率及缩放比例的功能。利用照相功能可随时随地测量身边任何物品的长度、宽度、角度和面积等功能。每次想要测量物体，不用四处找尺，只要拿出iPhone就搞定了。虽然有测量尺寸方面的限制，但对房地产经纪人、工程师、木匠、建筑师、建筑工人、服装设计师等来说还是非常实用的。

ModiFace是虚拟化妆软件，虚拟造型和可视化应用让消费者只需上传一张照片，就能在自己的脸上虚拟试用一个化妆品品牌的唇膏、唇彩、眼影、睫毛膏和粉底产品。该应用的功能还包括虚拟试戴明星发型，尝试不同发色以及从可选的隐形眼镜色调中改变眼镜的颜色。

汽车在车载系统当中加入AR应用会帮助驾驶者更好地感知路况信息，提高驾驶的安全性。比如，GMC美银川星华通商务车在它的挡风玻璃上投射虚拟图像，驾驶者不再需要低头查看仪表的显示与资料，可以始终

图6-11　ModiFace的漂亮界面　图片来源：软件宣传

保持抬头的姿态，减少低头与抬头的过程中可能带来的不安全因素，减少眼睛焦距不断调整产生的延迟与不适。

智能手机和移动网络的迅速发展，使APP结合AR成为一种趋势。未来的AR应用，肯定不欢迎笨重的头戴显示器或者奇怪造型

图6-12　GMC在挡风玻璃上投射虚拟图像　图片来源：网络

的眼镜，更时尚和轻便的设备将取而代之，什么都不戴当然最好。

Google Glass眼镜曾经是一款推广很久的AR眼镜，可以通过眼镜上的"微型投影仪"把虚拟图像直接投射到用户的视网膜上，于是用户看到的就是叠加过虚拟图像的现实世界。然而，美好的创意往往不能得到圆满的结果，谷歌眼镜暂停销售，不仅仅是因为价格高，更因为它有可能窥视使用者的个人隐私。在大众文化层面，佩戴者常太过嘚瑟而被周围人讨厌，好事者还发明了"Glassholes"这样的词嘲弄他们。谷歌自己也承认，如果用户独自站在墙角一边偷偷凝视着屋子里的人，一边用眼镜拍摄他们，那么没人愿意与他做朋友。

2016年，一款名叫《精灵宝可梦GO》的游戏大受欢迎，显示了AR技术走入大众生活的正确路径。游戏中玩家利用智能手机，在各种场景中捉拿精灵，进行战斗。游戏的关键是利用移动设备地理位置标记，场景是现实的，精灵是虚拟的，利用AR技术实现了虚拟和现实的无缝叠加。虽然这只是AR技术最简单的应用，但是让公众看到了AR技术与更复杂的技术融合后将带来的广阔市场。

不过，游戏的热情总是来得快也去得快，《精灵宝可梦GO》虽然开创了AR与手机游戏结合的形式，巅峰时期获得了日均约160万用户的支持，然而现在日均用户却下降得很快，玩家的热情正在消退。在市场上，技术再新颖也会时过境迁，只有内容才是留住用户的关键。

更强大的增强现实技术则需要更多复杂的技术，比如，传感器和追踪装置必须更深层次的交互，智能手机需要配备足够的传感器和芯片等。

3.真假不分的MR未来

在体育馆中，一头鲸鱼突然从地板中窜出跃向空中。

在张开的手掌中，一只小象出现了，栩栩如生。

这就是比VR、AR更进一步的MR（混合现实）技术！这种技术将多种增强现实技术融合在一起，给用户带来更加真实感的虚拟体验。

MR技术中，最诱人的是裸眼实现MR：即在自然光条件下，不需要佩戴任何VR眼镜设备，在现实场景中就可以叠加虚拟现实物体，实现惊人的虚拟与现实融合效果。

前面举的鲸鱼和小象的例子，就是裸眼MR技术的展现的神奇未来，仿佛施展魔法一样。但是要实现这个技术可不容易，需要两个非常关键的技术。一个是对现实世界的感知，设备要能够感受到使用者的目光看到的为止，使用者所处的环境以及动作等，以便能够进行正确的投影和交互。整个感知系统包括人脸识别、物体追踪、手势识别、传感器参数校准等，要感知现实世界，哪怕仅仅是小小的一部分，也是一个庞大的工程。

另一个就是 3D 显示技术，分为裸眼和眼镜两个发展方向。裸眼要实现MR目前还只是一种幻想。更多科学家致力于研究智能眼镜。比如一家美国的医疗成像公司做肤下血管成像，戴上智能眼镜的医生就像有了X射线般的超级视力，即使是在具有挑战性的临床环境，也能快速容易地确定血管位置。

通过滤镜，MR可以把双眼看到的景物用特定画风重新渲染。这样想看到梵高的世界就不用去博物馆了。裸眼无法直视的烧焊场景在MR眼镜中变得清晰柔和，眼镜使得佩戴者在看清场景的同时，还能通过数字内容的指导更流畅地完成工作。实现了MR概念的智能眼镜，可以根据用户的需要让他看到增强现实后的情况。

图6-13 科幻电影中的 VR、AR 和 MR 三者整合场景 图片来源：作者提供

VR、AR和MR，一层层接近信息的无限整合。这三者之间的

关系是怎样的呢？

　　VR可以叫作人工环境，就是说用户带上VR眼镜所看到的景象全部依靠外部设备产生，是虚拟的、假的。它通过VR相机采集、景象制作设备、计算机软件、VR眼镜等成像设备联合提供视觉、听觉、触觉等感官的模拟，让我们进入这个"虚拟"的世界中，如同身临其境，比如一场VR演唱会直播，我们不在现场，但VR能把我们"虚拟"到演唱会现场，甚至能获得比真正在场的人更好的现场体验。

　　AR则是更丰富的真实场景，它把计算机所产生的虚拟数字层套在真实世界之上。同样是演唱会直播，我们在置身演唱会中的时候，也能清楚地看到四周所处的真实环境。再比如，我们来到一座商场门前，戴上AR眼镜后，便能透过砖瓦看到商场中的店铺、目前的人流、各种打折信息，感兴趣的商品是否还在销售。

　　MR则将AR和VR融合在一起，产生了一个新的可视化环境。在这个新环境里物理和数字对象共存，信息更多也更加完备，并实时互动。还是那个商场，这次戴上MR设备，我们不仅仅看到了刚才AR眼镜中的一切，我们还能看到这座商场从规划图到修建完毕的整个过程，就如同我们参与了修建一样。

　　AR设备使用二维显示屏呈现虚拟信息，真假很容易分辨出来，因为信息的呈现并不完整。MR设备直接向视网膜投射整个四维光场，用户看到的物体与真实的物体没有区别，没有任何信息损失。信息被任意组合处置，将给我们带来更高的工作效率，更多的精神体验，甚至无穷多的生活方式。

　　研究智能眼镜的科学家们相信，VR与AR技术一旦普及应用后，手机会被淘汰，通过眼镜、投影仪、镜子或者其他透明设备，我们可以轻易构建出一个虚拟的世界。这个虚拟世界可能是社交场所，也可能是购物中心或者工作环境，一切随心所欲。创造一个属于自己的世界，这一定会是很多人的终极梦想。

设想，我们生活在一套房间中，很少外出，没有早晚高峰的交通拥堵体验，也不为雾霾、暴雨或者寒冷所困。我们享受着VR所带来的虚拟世界。

早起，客厅就是花园，慢跑时候地板会加速，计算我们的卡路里消耗量。餐厅可以设置成花园情境，也可以接入晨曦中的海滩场景，在自己喜欢的环境中，惬意地享受丰富的早餐。

上午，书房就是孩子的教室，再也不用为接送孩子上学奔波劳累。书房中，40个孩子聚集在一起丝毫都不拥挤，各种互动看起来和真实的教室中上课没有区别。考试后几分钟就出成绩，成绩会立刻发送到父母眼前的显示终端上。这终端可能是电冰箱的门，也可能是洗手间的镜子。

工作也将在家中完成，只要一小块空间，各地的团队伙伴就能视频开会，激烈辩论。会议中可以随时接入工厂的虚拟展示系统，查看自动流水线的工作情况。

午餐，外卖系统会在餐桌上展现推荐的美食，看中哪个，点击，商家会立即反馈。等待午餐的时间可以收看世界各地的新闻，即便是天涯海角的地方新闻，也能如同置身其中，耳听目睹。新闻有点闹心，那么就去剧院，交响乐队点播排队的人多，那就听听两人的相声吧。系统甚至能让人绕到演员身后去听去看。如果金钱富裕，那就什么都可以点播。在特定的时间，演员会出现在客厅中做专场演出。当然，演员也可能不在一个地方，比如一个在西安一个在成都，他们的虚拟形象同时来到客厅，临时配合，也许他们从来都没有做过搭档，想不到会有观众希望看到他们之间的表演。这种点播的费用会很贵，但很有趣味性。

25分钟后外卖送到了。外卖小哥可能是机器人或者无人机，也可能是真人，这取决于用户居住的地址，网上付费和电梯房遇到机器人的概率很大。货到付款一般都是真人处理。真人的费用要高一点。但这可能是一天中唯一见到的除了家人以外的真人，这种短暂的接触有些人会喜欢。

下午我们可以去逛虚拟商场。网上购物大卖场和专卖店的体验是不同的，大卖场只能提供全景虚拟，没有试衣间。专卖店的试衣间会在第一次试用后送到家中，这是一个精致的虚拟系统，进入后，是装潢独特的专卖店，彬彬有礼的导购会逐一展现新品。我如果中意，轻轻点击，就会从店家的镜子中看到自己穿了新装的模样。可以选择虚拟服装，就像QQ中换装，我的虚拟装备又多了一件；当然也可以定制价格不菲的实物。不久之后，房门就会被敲响，快递会将衣服送上门来。

我们将越来越愿意待在家中，出门的理由越来越少。那些选择外出工作的人，相应地将赢得更多金钱和尊敬。城市变得安静和有序，悄然运转。集体活动组织越来越困难，应者寥寥。

通过强大的技术手段，现实与虚拟之间的界限越来越模糊。信息不仅仅正在改造我们的生活方式，也在改变我们的思维模式。

从键盘输入、鼠标点击到语音识别、液晶触屏，技术的发展促生了我们与机器的交互方式。未来通过虚拟化技术，显示终端屏幕无处不在，一个眼神就能与机器沟通。人工智能技术的发展，更使机器越来越先进，将从满足我们的需求发展到主动为我们创造需求。

有一天，我们会发现生活太过依赖信息技术，从工作到生活，离开网络就无所适从。我们在网络会议室开会，用即时通信软件讨论工作，远程办公，所有销售数据都依靠移动终端采集，我们在网络上订餐，在网店里买东西，运动数据会同步传递到医生的APP上。智能家电、无人汽车、现实与虚拟之间的界限越来越模糊。人机相连的日子已经到来。

科幻电影中的未来场景，会走出屏幕变成触手可及的生活。然而，会不会这种触摸的真实感觉也来自电脑模拟？

七 黑暗诱惑：对信息的伪装、欺骗和盗窃

"如果真实感都可以最大限度模拟出来，我们确实可以抛弃肉体了。"我说，"这倒是保护地球资源不被人类耗尽的一个办法。"

"但是这种程度的模拟，需要庞大的计算资源，即便未来有新的计算技术，也仍会耗费能源。在运行计算的过程中，还是会对周边环境产生影响。"小涓思索，"也许搬到月球上比较好，几乎无限供给的氦3可以用作能源，计算机能够长期稳定地运行。"

"到月球上就不会产生安全问题吧？"我头脑中蹦出这个问题。

"理论上来说，只要有网络相连，病毒还是会攻击服务器。"小涓说，"不过魔高一尺道高一丈，我们总归有办法阻挡病毒。"

1.电脑病毒无处不在

电脑病毒在今天似乎不再令人恐惧。而在21世纪初，一个"千禧年病毒"就似乎会让整个文明世界崩溃。电脑病毒是一个程序，一段可执行码。本质来说，它也是一种信息，是人为制造出来，以达到破坏其他信息的目的。病毒会复制，附着在各种类型的文件上，当文件被复制或从一个用户传送到另一个用户时，它们就随同文件一起蔓延开来，感染电脑程序，破坏电脑资源。只要应用到程序的地方，就有被电脑病毒感染的风险。

相比21世纪初，现在的电脑应用范围更广阔，应用普及性更高，尤其是占据信息高地的互联网发达地区，各种各样的电脑程序无处不在。我们随身携带的智能手机也需要电脑芯片和程序。因此，电脑病毒并非减少了，而是活动更隐蔽了。另外，用户防毒与杀毒的意识也比21世纪初有很大的进步。

从1987年世界上第一个电脑病毒C-BRAIN诞生起,到现在不过30年时间。C-BRAIN的设计者原本是为了将它用在保护医疗软件版权不受盗版危害,因此在程序中还注明了电话号码和版权信息,并无恶意。但潘多拉的盒子一打开,邪恶就不受控制地涌出。经过30年发展,电脑病毒已经变成了信息世界最严重的安全威胁。

电脑病毒不会对我们的身体产生危害,但会破坏电脑中的程序,造成系统崩溃、程序或数据神秘消失、文件名丢失。更糟糕的是,它们有可能窃取电脑中的信息,达到不可告人的罪恶目的。

早年的电脑病毒往往只是"吓你一跳",带着炫耀性的"我能控制你的电脑"的得意。然而,随着社会经济活动与网络结合越来越紧密,病毒制造者们终于从恶作剧走向邪恶,将病毒软件变为一种赢取非法收入的方式。

现在的电脑病毒,是大的概念,包括木马程序、蠕虫程序、黑客程序、玩笑程序、流氓软件等各类恶意软件。这些恶意软件是信息安全要解决的问题之一,信息安全的其他问题,还有网络安全、密码安全等。

勒索软件就是一个典型的恶意软件,它能够锁定个人或者敏感文件,然后索要报酬(通常是难以追踪的比特币)进行解锁。最近,美国发生一起勒索软件绑架案:洛杉矶大学遭勒索软件攻击,从财务援助、电子邮件到语音邮件系统被广泛破坏。最后,该大学交纳了2.8万美元得到解锁密码。勒索软件近几年非常流行,根据卡巴斯基杀毒软件报告分析,截至2016年,全球有114个国家受到加密勒索事件的影响,共发现4.4万多个勒索软件样本。仅仅从1月到9月,勒索软件对企业的攻击数量就增加了3倍,攻击强度也大大提高,达到了每秒钟攻击1次。而且这些软件流氓们并不都恪守信用,有1/5的中小型企业支付了赎金后也没能找回文件。

CERBER DECRYPTOR

您的文档、照片、数据库和其他重要文件将被加密！

若要解密您的文件，您需要购买特殊的软件－《Cerber Decryptor》。

所有的交易仅通过 ₿bitcoin 网络完成。

在 5 天内您可以按照特惠价格 ฿1.250 (= $908) 购买该产品。

5 天后该产品价格将攀升到 ฿2.500 (= $1817)。

04 . 22:15:28

如何购买《Cerber Decryptor》？

图 7-1　一个绑架数据的勒索页面　图片来源：网站

　　30年来，电脑病毒已经从电脑恶作剧演变为一项价值数十亿美元的黑色产业链：制造者、分销者、使用者，环环相扣，利用网络的便利，坐在显示器面前就顺利完成了欺骗和掠夺的可耻勾当。虽然杀毒软件的发展和普及，极大地破坏了电脑病毒的生存条件，但暴利之下，仍然有人绞尽脑汁不断制造新形式的病毒，用以盗窃用户电脑内有价值的信息，或者干脆直接远程操控电脑。

　　2009年，南京警方破获一个利用"大小姐"木马软件进行盗号的犯罪团伙。这个团伙先将非法链接植入正规网站。用户访问网站后，会自动下载盗号木马。当用户登录游戏账号时，游戏账号就会自动被盗取。这些人再将盗来的账号直接销售，或雇人将账号内的虚拟财产转移后，再销售牟利，生意最好的时候3个月就赚了3000万元！

　　以智能手机为代表的移动互联网迅速发展后，病毒贩子们自然也趋之若鹜。电脑病毒看起来像少了，其实是都转移到了手机端。手机病毒近年来也有泛滥之势。

　　病毒的隐蔽性很强，会把自己伪装成有用的信息。比如一种感染安卓手机的木马程序，就将自己伪装成名为"重要文件"的软件，并通过手机短信进行传播，诱使手机用户点击短信中的URL网址。一旦手机用户点击该网址，安卓系统会在后台下载恶意安装程序"资料.apk"。用户一旦安装这个程序，就激活了木马程序，手机中的短信和通信录中所有联系人的手机号码均被窃取，并发送到指定邮箱账号上。

现在，社交软件流行，在社交软件中经常出现不明网站或者视频链接，这些都可能是潜伏的危险。黑客们甚至把恶意程序写进普通的图片文件里，只要打开图片，电脑就会被黑。

2.信息诈骗何时休

通过病毒，黑客们窃取大量的信息用于诈骗。

常见的网络信息诈骗包括购物诈骗、中奖诈骗、冒充他人诈骗、商业投资诈骗以及网上交友、性服务等其他网络诈骗。电信诈骗包括冒充公检法诈骗、虚假中奖、退税、违禁品诈骗、恐吓勒索类诈骗等。

手机支付诈骗，则有电话诈骗、短信诈骗、钓鱼网站诈骗、IM聊天软件诈骗、网络购物诈骗、伪造篡改软件诈骗、虚假WIFI诈骗、恶意二维码诈骗等。

用户的电话号码和个人信息如何泄露的呢？除了传统商户以及相关企业不法分子泄露了用户信息外，随着大数据的广泛应用，用户在网上的很多个人信息也有可能被收集利用，例如网上租赁房屋、网上购物、游戏注册认证之外，还有手机打车软件、订餐软件、微信和QQ这样的社交软件等各种热门APP。这些APP让我们享受便利的同时，不可避免地都会读取我们的地理位置和通信录信息。

目前，中国公共场所WiFi热点覆盖至少超过千万个，WiFi服务几乎成为公共场所服务范围内的标准配置，而虚假WiFi"钓鱼"则是当前免费WiFi的主要安全风险之一。黑客通过钓鱼WiFi入侵智能手机，盗取手机内部重要信息的内幕。不仅图片被黑客获取，浏览图片信息也被截获，连手机里的邮箱和密码都能辨识出来。手机钱包的相关账号信息也可能被不法分子所获取，从而给我们造成经济损失。

APP也可能盗窃用户的个人隐私。智能手机的安卓系统是开放的，因此对APP的管控并不严格。也因为如此，有一些急功近利的APP就动起了歪脑筋，凭借免费服务潜入用户手机，盗窃用户隐私。此外，很多APP在运行时会产生大量"痕迹"，如果不及时清除，则可能造成严重后果。以手机QQ为例，手机QQ在使用过程中，会产生难以计量的数据信息，如语音消息、文字资料、视频图片等，其中就有很多涉及用户隐私的重要信息，包括财务数据、人事变动、商业机密、业余爱好，甚至可能暴露用户的行踪轨迹。

恶意往往潜伏在我们毫不察觉之处，悄然窃取个人信息，比如二维码。二维码原来只是用作产品标识，方便防伪、溯源，后来用作广告推送、网站链接、数据下载等。再后来，移动支付推广后，扫描二维码变成了非常重要的支付方式。二维码的使用在为我们带来便利的同时，也被不法分子盯上——这就是验证码大盗，它会在暗中拦截和转发用户手机接收的网银或第三方支付网站发送的验证码短信息。这时候，用户再使用手机支付工具消费，就很有可能遭受损失。因此，不但免费WiFi不能轻易链接，扫描二维码也要谨慎。

除了以资讯为主的网站外，大多数提供用户社交互动的网站都需进行个人资料注册，个人信息一般通过函数算法转变为一些没有规律的字符进行加密存储，破解密码难度较大。但部分网站居然采用明文密码方式，只要进入后台数据库，就能完整地看到每个账户和相对应的密码资料。这些网站的数据库一旦被黑客攻击，其数据就会被泄露。

一些人为因素也会导致信息泄密高发，即掌握了信息的单位、公司和机构员工倒卖信息。网购记录、快递单、保险单、火车票、酒店住宿、航班搭乘、信用卡办理、移动电话号码办理、各类学校注册信息、房屋中介、各种问卷调查、各种优惠卡信用卡等，都可以拿到网上数据黑市进行交易。

在这些黑市中，个人信息被分门别类制作成不同的数据库，以便客户快速找到所需，如：白领、股民、车主、高尔夫会员名单、银行高管名录、CEO培训班名录、学生家长、学校名录等。

这些信息要卖掉后才能变成真金白银。那么能卖多少钱呢？一条个人信息，根据其可能产生的价值，从2～80元不等。1000多万个北京移动的号码，800元就可以买到。包含了800～1000户的建筑类别、类型、地址、开发商、物业管理、开盘时间、入住时间、户型、房号、面积、朝向、价格、户主电话、姓名、户籍原住地、是否入住等信息的楼盘资料只卖200元，多买还能优惠。

网上还有一种"游戏信封"公开叫卖，这卖的也是个人信息。一个"游戏信封"就是一个包含了某位用户账号、密码甚至密码保护的邮件。这是被木马记录下来的游戏玩家信息，自动发送到盗号者指定的ASP空间或者邮箱中。"游戏信封"中价值比较高的账号及密码会作为一手信出售，卖价也高，有的能卖到上万元。挑选后的信息会作为二手信，价格相对低廉，甚至开价2元钱就甩卖了。

成千上万的个人信息就这样通过论坛、QQ群、淘宝店等各种网络渠道贩卖出去，贩卖者既没有违法意识，也没有道德约束，只有"这个是可以很快很轻松赚钱"的想法，大肆兜售。他们中有很多人没有固定正当工作，看到朋友、老乡靠这个挣钱，就心动加入，虽然一条信息可能只赚几分钱，但信息量太大了，月赚上万元竟然都有可能。如此暴利，不过是坐在电脑前点几下鼠标，难怪那么多人会趋之若鹜。

没有买卖就没有伤害，个人信息那么能赚钱，究竟是谁在买呢？

随着市场竞争越来越激烈，精确营销对于公司企业尤其重要，一些不法企业掌握大量个人信息后，就相当于有了"导航仪"，想推销什么样的商品就找什么样的消费者，事半功倍，这也是个人信息频繁泄露的主要原因。北京朝阳法院就抓捕过一个信息买家，他从网上买到了很多和美容有关的个人信息，然后打电话推销假冒伪劣化妆品，短短几个月获利15余万元。

我们经常接到的广告营销电话包括推销邮票、纪念币、收藏品的，销售房屋的，推销银行保险和理财服务的，还有所谓英文培训、会议服务等，听到这种电话时，我们常常立刻挂断，其实应该反问对方从何拿到的电话，最起码要警告打电话的人，他可能是从不正当渠道得到的个人隐私，可能已经触犯法律。

网上的个人信息交易非常隐蔽，交易者分布在全国各地，买家和卖家素不相识。受害者如果没有经济损失或者损失金额不大，一般也不会追究，客观上纵容了这种黑色产业的滋生。

据估算，仅仅2015年一年，我国网民因个人信息泄露、垃圾信息、诈骗信息等现象导致总体损失就达805亿元！

"真是防不胜防！这些信息强盗们就没有法律制裁吗？"我愤慨。

"原来是没有的，毕竟黑客犯罪是新生事物，复杂性和多样性需要甄别。但《刑法修正案（七）》注意到了这个问题，并提出了惩治措施。这对黑客学校、黑客网站起到了震慑作用。"小涓说。

我感叹："想想真是可怕，信息技术越发达，信息的攫取就越隐蔽快速，我们个人的隐私就越来越不安全。那句话怎么说来着，基本上等同于裸奔了。"

"个人要多注意更换密码，不同场合和工具的密码最好不要一致。一方面要求采信机构和部门保护好个人信息，严防外泄；一方面我们个人也要提高警惕。"小涓说，"这算是生活在信息时代必须付出的代价吧。"

3.伪基站和钓鱼网站

通过购物网站、快递公司、邮箱网站等后台数据库泄露获取私人信息，这种手段已经不能满足信息贩子的需求，他们渴求技术手段上更便捷的欺诈手段。伪基站粉墨登场了。

基站是指在一定的无线电覆盖区中，通过移动通信交换中心，与移动电话终端之间进行信息传递的无线电收发信电台。基站由移动通信公司设立，需要报请国家审批。

伪基站则是违法分子利用相关设备，搜取以其为中心、一定半径范围内的手机卡信息，利用2G移动通信的缺陷，再通过伪装成运营商的基站，冒用他人手机号码，强行向用户手机发送诈骗、广告推销等短信息。

在2016年夏天，有不少考生和家长都收到过短信诈骗团伙利用"伪基站"伪装成特服号码发送的高考成绩查询短信，不法分子诱导考生和家长点开短信中的链接，将盗取网银账号和密码的木马病毒植入手机。

不法分子利用伪基站发送的诈骗信息一般分为两种：一种是冒用国内大型银行的客服号码比如95588、95566等发送信息，内容一般为手机积分换现金、手机网银失效或者出现故障、无抵押大额贷款、扣取年费、代办信用卡、手机银行升级、网上银行修改密码等，诱骗手机用户登录伪造的"银行官方网站"，进而套取手机用户的银行卡号、网银密码等信息；或者在短信提供的链接中植入木马病毒，一旦点击链接，被种下的木马病毒不但窃取手机里存储的银行卡、密码等信息，甚至可以复制手机通信录，利用该手机号向通信录好友发送新的诈骗短信、木马链接，使更多人受害。另一种发送内容为赌博网站、开假发票的广告，这些广告也都是通过诱骗手机用户缴纳所谓"手续费"，或者让用户登录钓鱼网站，骗取钱财。

图7-2 2016年3月23日上午，广东省公安厅，警方向媒体展示缴获的"伪基站"设备 图片来源：网络

图7-3 一个完整的伪基站，左下角是控制器，右侧是伪基站主机，右上角白色是主机电源，左上角黑箱是电瓶 图片来源：网络

伪基站所需的器件均可购买，操作简单，入门技术要求低，但效率很高，一天时间就能发送诈骗等各类信息100万余条。而且由于"伪基站"设备通过车载或人体背负的方式就可携带，流动性很强，所以人群密集的火车站、汽车站、机场、商业中心等繁华地段是不法分子实施诈骗的首选区域。

伪基站设备运行时，一般由功放发射天线发射强大的功率信号，而且频段也是和运营商的频段相同，它会屏蔽原有运营商信号，从而使手机用户接收到"伪基站"的信号。屏蔽的时间一般会持续10～20秒，不法分子会利用这个时间搜索出附近的手机号，并将短信发送到这些号码。这时候，手机无法正常使用运营商提供的服务，手机用户一般会暂时脱网8～12秒后恢复正常，部分手机则必须开关机才能重新入网。这种伪基站不仅干扰手机用户，同时还会严重影响整体网络质量和网络安全，对社会正常生活秩序造成潜在危险。

目前大多数的垃圾短信都是伪基站发送的。运营商能利用技术手段，可以对普通垃圾短信进行拦截。但是，伪基站发送短信时可以虚拟电话号码，不经过正常通信网络随意流动群发短信，调查、取证、打击都很困难，监管和治理难度非常大。

伪基站发送垃圾短信只是欺骗的第一步，钓鱼网站和木马病毒才是后面的陷阱。钓鱼网站通常指伪装成银行及电子商务，窃取用户提交的银行账号、密码等私密信息的网站。钓鱼网站的页面与真实网站界面完全一致，要求访问者提交账号和密码。一般来说钓鱼网站结构很简单，只有一个或几个页面，URL和真实网站有细微差别。不法分子仿冒真实网站的URL地址以及页面内容，或者利用真实网站服务器程序上的漏洞，在站点的某些网页中插入危险的代码。钓鱼网站的频繁出现，严重地影响了在线金融服务、电子商务的发展，危害公众利益，影响公众应用互联网的信心。

但再逼真的钓鱼网站也还是假的，只要仔细核对登录网站的域名，就能看出钓鱼网站和官网网址的差异，哪怕只有一两个字母不同，也还是不同。即使登录短信发来的网址链接，也不要轻易输入银行卡号、登录密码、身份证号码、姓名、手机号码等信息；更不要随意拨打对方提供的所谓的咨询电话，应直接到相关部门或通过官方渠道进行核查；对于陌生号码发来的此类短信不要理会，即使是常见的官方服务号码或好友号码发来的短信，也要对内容进行核对鉴别；日常生活中进行消费活动时要保密个人信息，不要随意向陌生人透露。

"其实，骗子费尽心思，就是想得到我们的银行卡和取款密码。只要牢牢握住这两个信息不松手，骗子就无计可施。还有，针对那些直接用'撞库'这种非常手段，使用电脑解密银行卡号和对应密码的情况，要增加密码的难度，不用手机号、生日等做密码。不同银行采用不同密码，就可最大限度上避免落入骗子的种种圈套。"小涓说。

"毕竟渴望轻松赚钱，不劳而获的人太多了。信息安全天天讲，日日讲，防范技术也在进步，但仍然拦不住骗子各种钻空子。尤其是有文化知识的骗子。"我惆怅。

"量子通信能很大程度上保证信息安全。"小涓眼睛一亮，"法律和技术的双重进步，总会让那些形形色色的骗子原形毕露。"

4.量子通信

作为新一代通信技术，量子通信基于量子信息传输，具有高效和绝对安全性的特点。

量子通信按照应用场景和所传输的比特类型可分为"量子密钥分配"和"量子态传输"两个方向。

"量子密钥"使用量子态不可克隆的特性来产生二进制密码，为经典比特建立牢不可破的量子保密通信。

量子不可克隆的特性是这样的：复制（即克隆）任何一个粒子的状态前，首先都要测量这个状态。但是量子态不同于经典状态，它非常脆弱，任何测量都会改变量子态本身（即令量子态坍缩），因此量子态无法被任意克隆。这就是量子不可克隆定理，已经经过了数学上严格的证明。

窃听者在窃听经典信息的时候，等于复制了这份经典信息，使信息的原本接收者和窃听者各获得一份。但是在量子态传输时，因为无法克隆任意量子态，于是在窃听者窃听拦截量子通信的时候，就会销毁他所截获到的这个量子态。

在量子密码里，正是由于量子不可克隆定理，光子被截获时经过了测量，偏振状态就发生了改变。接收方就会察觉密码的错误，停止密码通信。这也就确保了通信时量子密码的安全性，从而也就保证了加密信息的安全性。

在传输量子比特时，由于量子不可克隆定理，销毁量子态就是销毁了它所携带的量子比特，于是无论是接收者还是窃听者都无法再获得这个信息。通信双方会轻易察觉信息的丢失，因此量子比特本身具有绝对的保密性。量子不可克隆定理使得我们直接传输量子比特的时候，不用再建立量子密码，而是直接依靠量子比特本身的安全性就可以做到信息不被窃取。

目前量子保密通信已经步入产业化阶段，开始保护我们的信息安全；"量子隐形传态"是利用量子纠缠来直接传输量子比特，2016年国家量子通信骨干网"京沪干线"已完成合肥至上海段线路，将应用于计算机之间的安全通信。

想知道是否存在截获者，发送方和接收方只需要拿出一小部分密钥来对照。如果发现互相有25%的不同，那么就可以断定信息被截获了。同理，如果信息未被截获，那么二者密码的相同率是100%。于是BB84协议（国际上首个量子密钥分发协议）可以有效发现窃听，从而关闭通信，或重新分配密钥，直到没人窃听为止。

量子密钥分发协议使得通信双方可以生成一串绝对保密的量子密钥，用该密钥给任何二进制信息加密都会使加密后的二进制信息无法被解密，因此从根本上保证了传输信息过程的安全性。在这个协议基础上，世界各国都开展了传输用量子密钥加密过的二进制信息的网络建设，即量子保密通信网。中国在这方面走在了世界最前面。

图7-4　位于河北省兴隆县的中国科学院国家天文台兴隆观测站，红色光是地面向量子科学实验卫星发出的信标光　图片来源：李雪琦提供

图7-5 位于北京怀柔的中国科学院国家空间科学中心墨子号量子科学实验卫星任务大厅 图片来源：许琦提供

图7-6 位于北京怀柔的中国科学院国家空间科学中心墨子号量子科学实验卫星数据中心 图片来源：作者提供

2016年8月，我国也是世界上的第一颗量子通信卫星"墨子号"发射成功。经过4个月的紧张调试，"墨子号"交付使用。"墨子号"将与全长2000多千米的量子保密通信"京沪干线"相连，构建起全球首个天地一体化的实用性广域量子通信网络。

"墨子号"的主要研究目标是通过卫星和地面站之间的量子密钥分发，实现星地量子保密通信，并通过卫星中转实现可覆盖全球的量子保密通信。"墨子号"可以在千千米外的外太空以10kbps的速率给地面站分发量子密钥，比地面同距离光纤量子通信水平提高了15个数量级以上。该项技术突破不仅使得我国具备了对光纤无法覆盖的地区——如我国的南海诸岛、驻外使领馆、远洋舰艇等——直接提供高安全等级量子通信保障的能力，并为我国未来构建覆盖全球的天地一体化量子保密通信网络提供可靠的技术支撑。

"墨子号"的另一前沿研究目标是在量子物理基本问题检验领域：即通过千千米量级的量子纠缠分发，首次在空间尺度检验量子力学的非定域性，并利用量子纠缠在地面和卫星之间实现量子隐形传态。通过"墨子号"的星地纠缠分发，我们能够在相距1200千米以上的两个地面站之间以1对/秒的速度建立起量子纠缠，将使得人类首次具有在空间尺度开展量子科学实验的能力，并为未来在外太空开展广义相对论、量子引力等物理学基本原理的检验做好了坚实的技术准备，成为我国在基础物理学领域对世界的又一重要贡献。

未来，还将有多颗量子卫星上天，形成"星群"，与地面的台站结合，逐步构建起天地一体的量子通信广域传输网络。那时候，只要在手机上增加量子传输密钥的芯片，普通人也可以享受到安全的量子通信，不用再担心通信安全了。

"量子通信实现后，量子计算机的小型化和普及化也该提上日程了吧？"我问小涓。

"其实量子计算机未必需要普及，更可能是大型服务器。毕竟它的计算能力对普通民众来说是个浪费。"小涓说，"在高性能计算里，求解一个亿亿亿变量的方程组，利用亿亿次的'太湖之光'超级计算机大概需要100年左右，但是如果利用万亿次的量子计算机，只需要0.01秒。"

"那时候我们会更多依赖信息，智能终端手机都不够用了，必须装到脑子里去和网络无线连接。"我说，"半机器人时代将要到了。"

"但人并不是机器，人的大脑的活动是有限度的，如果短期内信息输入量太大，大脑无法处理，就会造成大脑皮层活动抑制，对身体产生不良反应。比如说，紧张、焦虑，甚至神经衰弱。"

小涓提醒。

我点头："是啊，凡事都有利有弊。我们对信息无止境的渴求，也会变成束缚我们自己的绳索。"

八 孤岛求生：信息的依赖与封闭

"你觉得最可怕的事情是什么？"我问小涓。

"最可怕？"小涓有点莫名其妙，"你指的是什么？不设定范围的话，答案可就多了。"

"没范围，就是你认为最可怕的事情。我问了很多人这个问题。结果，他们中大部分人最害怕的，第一是没有WiFi，第二是忘记带手机。原来'WiFi+手机'，才是我们生存的基础。"我笑着解释。

"10年前不会是这样。10年后也不会是这样。"小涓笑，"此时此刻，你就忍受吧。"

"10年后WiFi会被更先进的无线技术取代，智能手机也会被更便捷可靠的移动终端淘汰。我相信技术的更新换代会是摧枯拉朽的。那么有什么会不变呢？"我问对方。

"对信息的渴求，这个不会变，还会更依赖。不，不能说是依赖，而是依存了。因为我们所有的生活生产都要依托于信息，以及信息构造而成的发达的物联网。"小涓说。

1.手机就是一切

早晨起床的第一件事是什么？

现在，很多人睁开眼睛的第一件事是：看看微博、微信和QQ，刷一刷屏，点一下赞，关注一下朋友圈，看看有什么新鲜事。

走路看手机，坐公交看手机，在食堂吃饭也用手机刷微博，手机从不离身。

到一个陌生的地方，第一句话问的是：WiFi密码是多少？

春节本是合家欢聚的日子。有些人好不容易跋山涉水回到家，渴望陪父母说话聊天，却发现父母每天要花大量时间在手机上看微信群，看朋友圈，对子女的关注度并不高。

有些校友二三十年没有见面，聚餐叙旧，几句寒暄话后，却是彼此翻看自己的手机，渐入冷场的尴尬。

这种对手机的依赖，恨不得把手机屏幕贴在脸上的状态，令人啼笑皆非。除了提醒一句"小心视力"，旁观者也无可指责。

但是下面的事例就无法再让人沉默了。

2017年1月初，陕西咸阳不满4岁的男童在泳池不幸溺亡，事后查看监控显示，他在水中挣扎了3分钟无人发现，而他的母亲就在咫尺之外埋头看手机。

2016年10月17日，湖南岳阳，一个2岁女孩独自走在路上，她的家人走在她的后方并紧紧盯着手机。孩子被一辆黑色轿车碾压身亡。

2015年4月9日，江苏一购物中心，6岁女童不慎从2楼的手扶电梯失足坠下，头部受重创致死。从监控视频中看到，走在女童身后的母亲低头拨弄着手机。

这是家长玩手机致同行的孩子死亡的例子。还有自己只顾低头玩手机摔到河里淹死的事情……全世界都是如此，每年因为智能手机丧命的人统计起来也是个吓人的数字。

我们为什么如此依赖手机？每时每刻都要低头看它。低头看的当然不仅仅是智能手机，还有平板电脑以及其他移动终端。看的是网站新闻、APP中的各种信息、社交软件上朋友或者聊天群的更新……盯住屏幕，真实世界瞬间消失，眼前的各种页面自己可以评论、转发，随心所欲。随着移动无线终端功能越来越强大，移动办公也不成问题，我们会更喜欢摆弄手机，因为可以坐在客厅中，开一个工作页面，开一个娱乐页面，再开一个炒股软件的页面，几件事情同时进行，彼此丝毫不会干扰。我们沉溺于各种信息，乐此不疲。就连最著名社交软件Facebook创始人扎克伯格的妻子普莉希拉·陈，也是个低头族，自称"每五秒钟，就会查看手机"。

近两三年来，低头族中的老年人迅速增加，这来源于微信群和朋友圈的建立，它让行动不便或者言语障碍的老人重新找到了归属感，载歌载舞互动性强的网文取代了报纸和电视，填充进老人的寂寞时光。

当智能手机中的APP逐渐触及生活中的每个角落：水、电、煤气、电话、宽带等生活缴费，飞机火车等交通工具预订，餐饮超市直购……手机已经不仅仅是信息来源，还是生活所必需！

不过，就像吃饭太多容易撑着，每天接触太多信息，也会产生不适症。最典型的就是信息焦虑症。对信息资源有较强掌控欲望的群体患上信息焦虑症可能性较大。他们每天都将大量时间花在网上浏览信息，一旦无法正常获取信息，比如断网，手机没电，他们就会感到极不适应，变得焦躁不安，心情浮躁，总担心漏掉重要的信息和新闻，害怕给工作带来负面影响，并引发精神、生理上的反应，出现失眠、头痛、食欲下降、恶心呕吐等症状。

医学上称这种信息焦虑症为"知识焦虑综合征"。在没有信息输入的时间或地点，信息焦虑症患者会对着周围的一个墙壁、一张纸，甚至自己的手掌心发呆，没准这时候他们正在思考某个游戏的复杂步骤。这时候患者表现为交际能力减弱，脉搏加快，面部肌肉呈红润状态等。

在持续24小时以上没有接受信息的情况下，信息焦虑症患者会出现一种恐慌状态。这时患者往往竖起耳朵，处于戒备状态，手机上突然闪出的一格信号或八卦新闻，都会让他感受到被信息刺激的感觉，此时他的情绪很容易发生剧烈变化。

当没有得到相应的信息刺激，或者他对所获得的信息质量感到失望时，患者有时候希望有更大剂量的刺激。如果缺少这种信息来源，患者会表现出情绪上的激烈对抗，变得郁郁寡欢，由于生活规律的紊乱，还会出现腹泻等肠胃不适等问题。

我们的大脑组织精密，处理信息的能力任何计算机都无法媲美。但它毕竟是血肉之物，有工作限度，它会信息消化不良——大量信息在短时间内输入大脑却来不及处理，时间一长，人便会出现偏头痛、头昏脑涨、注意力分散等现象，严重的还会导致高血压、心律不齐、紧张性休克等症状。它会因为同时贮存着大量同类信息而造成信息干扰，变得思绪混乱、判断力下降。当信息更新换代太快，越来越多信息不能理解或有质疑，大脑还可能对信息产生恐惧，有些人会因此顾虑重重，感到负担过重或担心跟不上时代的发展，最后出现惶恐不安、失眠健忘、食欲不振、心悸气短等症状，甚至会产生厌学情绪。

还有一种信息躁狂的症状。这样的人每天接收到大量信息，潜意识里有一种英雄心态，觉得周围人人都不如他，不是他的对手。网络上常常出现的"键盘侠"就是这类人，他在网络中似乎无所不能，但在现实世界中却容易碰壁。这导致他会产生怀才不遇的悲哀，甚至精神上的抑郁感。

2.恐惧社交和渴望认同

然而，尽管过分依赖智能手机，可能会令自己视力损伤，忽视对真实环境和人的关切，人们还是愿意和智能手机互动。人和机器之间相处，更轻松、更简便，更容易掌控。

因为网络，人与人之间关系拉近了，天南地北相距遥远的人，或者生活圈子、工作圈子从不会有交集的人，也有可能在网络上成为好友。但因为社交软件，我们连电话都不愿意打了。明明可以一个电话解决的事情，却要在微信上留言。因为有社交软件，甚至不需要见面，反正，在社交软件中能够随时找到对方。

面对面交谈到底有什么不好？因为交谈是实时进行的，没法控制自己要说什么，也不能在谈不下去的时候转移话题或者干脆不说。因而，当网络兴起有E-mail时，很多人喜欢通过电子邮件往来。随后，各种即时聊天工具出现了，用这些工具很好地解决了"我们怕谈话会无趣或者尴尬"的问题。再后来，社交软件丰富了聊天工具，我们可以在网上发布自己的动态，展示自己，使自己成为一个话题源，"我不用去寻找社交机会，我自己就是社交机会"的成就感促使更多的人将自己的社交活动放到了网络中。

"我即社交"的心态，使每个人都变成了信息源，智能手机的拍照功能，也使每个社会事件，都成为旁观者的网络社交谈资。自从有了社交网络，在任何一个意外现场，人们能想到的第一件事就是拍照上传，以获得网络关注感。

2017年年初，泰国一人酒后不慎跌入河道，由于不会水性，因此只能挣扎，并举手向路人求救，路人却冲上前掏出手机，开始各角度拍照，生怕自己错过了什么趣闻，并发送至社交平台。醉酒者最终死亡。尸体被救援人员拖上岸后，周围群众还在拍照，甚至直播。

这样的事例并非孤例，它是悲剧，也是过于渴求信息而扭曲人性的真实写照。

但是，这种网络社交，有很多时候并不能达到社交目的，是无效社交。调查显示，大部分人认为"无效"网络社交的表现有：漫无目的地在网上"闲逛"；不停地关注自己或他人的状态得到了多少个"赞"；翻看好友的状态，但仅限于"已阅"却无实质收获；自己没有参与的群聊，还是要点开看看记录；获得的资讯质量低或毫无价值；处理骚扰或垃圾信息等。

有些人在社交网络里面聊得很开心，但是在现实生活中，在人际沟通方面却很差劲，甚至有社交恐惧感，如不敢与人对视，不敢与人交流或者是与人交流过程中不知所云。无处不在的社交，其实不一定能提高人的社交能力，甚至有时候会弱化人的社交能力。

社交恐惧症是恐惧症的一种亚型，恐惧症全称恐怖性神经症，是神经症的一种。以过分和不合理地惧怕外界某种客观事物或情境为主要表现，患者明知这种恐惧反应是过分的或不合理的，但仍反复出现，难以控制。恐惧发作时常常伴有明显的焦虑和自主神经症状，患者极力回避导致恐惧的客观事物或情境，或是带着畏惧去忍受，因而影响其正常活动。

网络社交，毕竟是属于"身体缺席"式的沟通互动，或多或少地影响着传统的社会人际关系。尽管现在有视频聊天，但还不能做到群聊，还有迟滞感，图像清晰度也不高，不能给使用者很好的体验。

不过这种缺失，在虚拟现实中可能将得到补偿。未来，虚拟现实环境中的社交软件将提供给对话者聊天背景、实时表情、动作，可以群聊，也可以给予私密性。到那个时候，社交恐惧症也许会消失掉。因为现实与虚拟社交混在一起，难以分辨了。

3.圈子是大了还是小了

圈子是我们的社会关系综合，每个人都有自己的圈子，而且不止有一个圈子。同学、同事、亲戚、邻居甚至有相同兴趣爱好的人，都可能形成圈子。在传统社会，一个人圈子的多少和他在圈子中的影响力，形成了他能动用的资源和对社会的感知。圈子对于一个人来说，非常重要。

但在信息极大丰富的互联网时代，人与人之间的关系发生了根本的变化。早期的BBS论坛时代，上网条件有限，网速不快网费也高，能上网的还是少数知识阶层，因而有了"网民"这个称呼。网民多半以兴趣聚合，产生了很多亚文化的小圈子，比如二次元、游戏、科幻等，上网似乎只是年轻人的爱好。那时，上网与网民都还不是生活常态。

而到了移动互联网时代，光纤入户，安装宽带成为家装必备，上网费用低廉，许多家庭使用无线路由器，在家庭中设置无线网络环境。不分老幼，只要有能上网的设备，就能接入互联网。不再存在特定的"网民"，而是全民皆网民，这个时候，上网已经和柴米油盐一样，成为普通的生活方式。从前看似高大上的网络圈子一下子就被打开打乱了。

信息纷至沓来，个人兴趣的多元化、消费需求的多面化、生活方式的多样化都得到了前所未有的满足。人和人之间原本的关系受社会结构和时空关系制约，现在一切都被打破了：在原有的亲友同学等人际关系网络上，又加上兴趣、价值观、地域等，一个聊天群里，人不分年龄老少资历。圈子似乎是扩大了，个体获得信息的能力大大提高了。

所以，很多人都能体会到，互联网渐渐成为一种归属群体，因为在这个虚拟空间中，人们能轻易得到在实体圈子中很难获得的情绪释放、意见宣泄、心理慰藉和社会包容。

互联网真的就如此完美吗？的确，在互联网上，不用担心因特殊爱好而被耻笑，也不用担心观点"离经叛道"而被指责，因为随时都可以找到和自己有共同兴趣和共同爱好的人，酣畅淋漓地抒发自己的情感。但正因为可以"随时找到"，人们不再去妥协和隐忍，不再退让，除了自己有数的几个圈子，再也不关心其他事物。圈子不接受的信息，就有选择性地被过滤了。

信息孤岛原意是指两个彼此独立不关联的计算机应用系统，这两个系统由于信息不共享互换而彼此孤立，无法建立起高效的联动运转。互联网上的圈子与圈子之间关系，也类似于信息孤岛，彼此独立，绝不信息联通。比如游戏玩家是个大圈子大群体，但又细分为单机游戏、网络游戏、网页游戏、手机游戏和电子竞技群体，每类群体有自己的语言"黑话"和典故，外人很难理解，也无法加入。单机游戏就总以自己最具游戏精神而排斥其他游戏种类。

同为知识分子聚集地，知乎是理工科的天下，豆瓣是文科生的乐园，双方均看对方不顺眼。都是天涯论坛的分坛，天涯杂谈和国际观察两个板块却势如水火。信息的丰富并没有消除这种对立分歧，相反，却因诠释的方式不同，选择的视角不同，对信息的了解和接受就有了很大的局限性。对于与自己倾向性相同的信息，就非常快地传播出去，反之则无情打击。

这是网上谣言和过时信息经常流传的主要原因。

4.信息控制

有一句话说，网上正直的人们的遭遇是：造谣的动动嘴，辟谣的跑断腿。谣言的传播速度和区域，古代就"好事不出门，坏事传千里"，现代信息社会，借助网络，传的岂止是千里。基本上事情只要发生，很短的时间内，全世界就都传遍了。传出去的话，泼出去的水，要想去纠正它，那可是难上加难的事情。因为先入为主，因为证实偏见。

证实偏见是指在不断筛选信息、制造标准的过程中，人们会逐渐强化自己的既定结论。人类思维很大程度上受情感左右，严谨的理性思维需要训练。当心中先有结论时，人们很容易将既定结论作为前提，再去寻找支持该结论的材料，创造各种标准将毫无逻辑关联的材料硬扯到结论上，同时忽略或否定相反的材料。

在这样的情况下，谁有网络的话语权，谁的信息就能更畅通地送达到个人。信息控制产生了，人们的正常逻辑也就会变得模糊了。

信息控制瞄准的是人们的知识盲点和经验盲点，试图通过传播歪曲或片面的材料，屏蔽原始、干净、与自己预设结论相反的材料，诱导人们得出错误结论。信息控制通常骗不了所有人，但对特定人群效果极佳。这群人信任恶意的信息源，往往对攻击目标怀抱反感情绪，听不进反面意见。

　　信息控制最显著的特点是数量繁多，忽悠者会从任意角度攻击，瞄准人们普遍的认知弱点：那么多材料，难道还不能证实吗？其实，挑几个片段，歪曲捏造一番，写上几千字，几十分钟就足以制造出一份欺骗材料。它成本极低，因而可以成百上千地堆叠。这些信息量特别巨大，但都很琐碎，不系统，并且都无法直接证明，都是旁证，隔靴搔痒。

　　为什么造谣者要这么做？为了污染信息。如果一个人接收到了原始信息，造谣者的谎言是很容易被击碎的。为了不让人们看到原始的信息，造谣者就要弄出数量巨大的信息来屏蔽原来的信息源，反正造谣不要成本。但是这些信息看起来数量巨大，其实是同质化的信息，来源是同一个。

　　自媒体时代，每一个人均可通过移动网络而成为信息的接受者、发布者。众多声音、意见建议成为一个十分复杂的舆论场。现实社会和虚拟社会之间的差异性已经逐步被打破，网络上的热点话题可能发酵成为现实社会中的热点事件乃至群体性事件。

　　网络中的一个不负责任的谣言，非常容易成为社会恐慌的爆发点，对民众生产、生活带来严重的负面影响。网络谣言偏好于社会上的负面信息，负面信息更加容易引起社会关注，瞬间就被大量转载，对事情的真相进行瓦解。所以，往往发生这样的事情，网络谣言通常被社会公众误认为就是事情的真相而被广泛传播，后来即便政府或者相关机构、个人出来澄清，但澄清之后的事实无法引起人们的普遍关注，许多民众的头脑中始终记忆的是"谣言"而非事实的真相。网络谣言通过瓦解事实真相的方式，对社会信任体系产生摧毁性的巨大负面作用，一些社会的阴暗面被无限制地放大、扩散，从而不断导致矛盾的激化，甚至无中生有进行恶意的攻击，对社会和谐稳定产生极大的威胁，让民众对政府和社会丧失信心。因而，当面临一时无法分辨真伪的网络信息，"让子弹多飞一会儿"是不错的做法。

朋友圈中的谣言传播范围广，这些谣言的特点主要是具权威、有颠覆性、能够引起共鸣，甚至还有具体的时间、地名、人名，还会引用专家的文献等。看似有模有样很具真实性的信息，其实是经过巧妙包装，缺乏事件发生时间、地点等具体要素的假信息。央视《焦点访谈》节目就曾多次揭穿朋友圈中传播的谣言，如"西瓜打针""电表作假""微波炉致癌"等。

无利不起早，谣言背后隐藏的往往是祸心和利益：隐形广告诱导消费者，拿钱黑竞争对手，引导用户泄露个人信息或者引导用户打收费电话，甚至是敌对势力的蓄意所为。

尾声　未来：个人自由和资本需求的较量

信息时代给我们带来的最大改变是什么？

自由。

我们第一次可以轻易拥有海量信息，只要想得到，就可以用巴掌大的一个硬盘拷贝下人类2000年来的智慧集成，包括图书、音乐、美术、影视等凝结人类文明的各种作品。我们不再需要身份，不再需要选择时间和地点，只要能够上网，就会找到所需求的信息。这些信息中包含着财富、情感、喜好，使我们获取生存的物资、愉悦的感官享受以及影响他人的能力。我们中越来越多的人不再需要四处奔波，鞍马劳累，只需要敲打键盘或者拨动手机，就可以心想事成。

我们的双手、双脚和头脑，都获得了从未有过的解放。除了我们自己，不再有什么力量能够束缚我们。

我们畅快地获取信息，也轻松地制造信息。只要我们想，就可以坐在家中评点天下事，参与任何事件，将自己制造的文字、音乐、图片、视频等信息通过网络传播四方。

我们吸收着各种信息，然后又加入自己的理解释放出更多的信息。

在未来，随着网络环境的进一步提升和网络技术的发达，真实的物理世界和虚拟的信息社会将混淆在一起。那个时候，我们的自由将无法想象。

然而……

网络环境和网络技术是需要打造的，建立起整个虚拟信息社会的是越来越庞大复杂的技术手段。创造这些技术的是人，但促进维护这些技术发展的是资本。

2016年年底，在中国各大城市铺天盖地出现的共享单车，正是"概念+技术+资本+互联网"的产品。共享单车发展速度快得惊人，截至2017

年7月，全国共有互联网租赁自行车运营企业将近70家，累计投放车辆超过了1600万辆。资本投放进共享单车这一行业的速度和规模，可以用"砸"来形容，只是为了迅速占据市场。显然，共享单车尽管有着价格便宜、停放方便、支付便利等优点，但如果投放量上不来，共享单车就无法在短时间内改变大众的出行方式。但疯狂投放共享单车的结果就是乱停乱放，造成了拥堵城市的新的拥堵点。据上海道路研究院的估算，上海主城区可容纳的单车仅为60万辆，但到2017年8月，上海市12家共享单车企业总投放量已达150万辆。超出城市承载能力的无序市场扩张，终究要由共享单车企业来吞食苦果。上海不得不明确禁止共享单车继续投放。杭州、广州、南京、深圳等多地也禁止共享单车在本地的投放。

资本的手，在背后推动着一切。资本的涌入使摩拜和ofo快速发展抢占市场。而没有成功融资的其他品牌共享单车，纷纷倒闭。现在，资本扩张的步伐受阻，共享单车能否健康良性发展？重扩张轻后期维护运营的局面能否改变？我们还不得而知。

共享单车揭开了共享经济的大幕，共享电动车、共享充电器、共享汽车等接踵而来。依托高速网络和发达的物联网，以及无缝虚拟世界对接，资本还将创作一个又一个新兴信息产品。至于产品的好坏利弊，资本是不管的，资本的目的简单而唯一，就是为了赚钱。

不断有新的手机推出，新的VR设备研发，新的网络产品上线。资本要发展用户规模，挖掘用户价值，不断创造新的利润点。我们在资本眼里，只是用户，只是大数据中的一个点。

资本正在塑造着当下和未来。

回忆我们在这本书开头所要讨论的问题，我们争取能做信息的主人，而不是被信息所"操纵"。我们需要在资本操纵的信息面前，清晰地分辨哪些是自己要的，哪些是应该拒绝的。

这很难，但这将是获得我们真正心灵自由的唯一之路。